東電刑事裁判 問われない責任と原発回帰

海渡雄一＋大河陽子◉編著

彩流社

もくじ◉『東電刑事裁判　問われない責任と原発回帰』

第2部　福島原発事故を忘れるな

第3部　２０１１年３月11日の前後に、この国でいったい何が起きていたのか――真実こそが脱原発への確信となる

プロローグ

原発事故の経緯と裁判のおさらい

第1章　福島第一原発事故と東電刑事裁判の基本

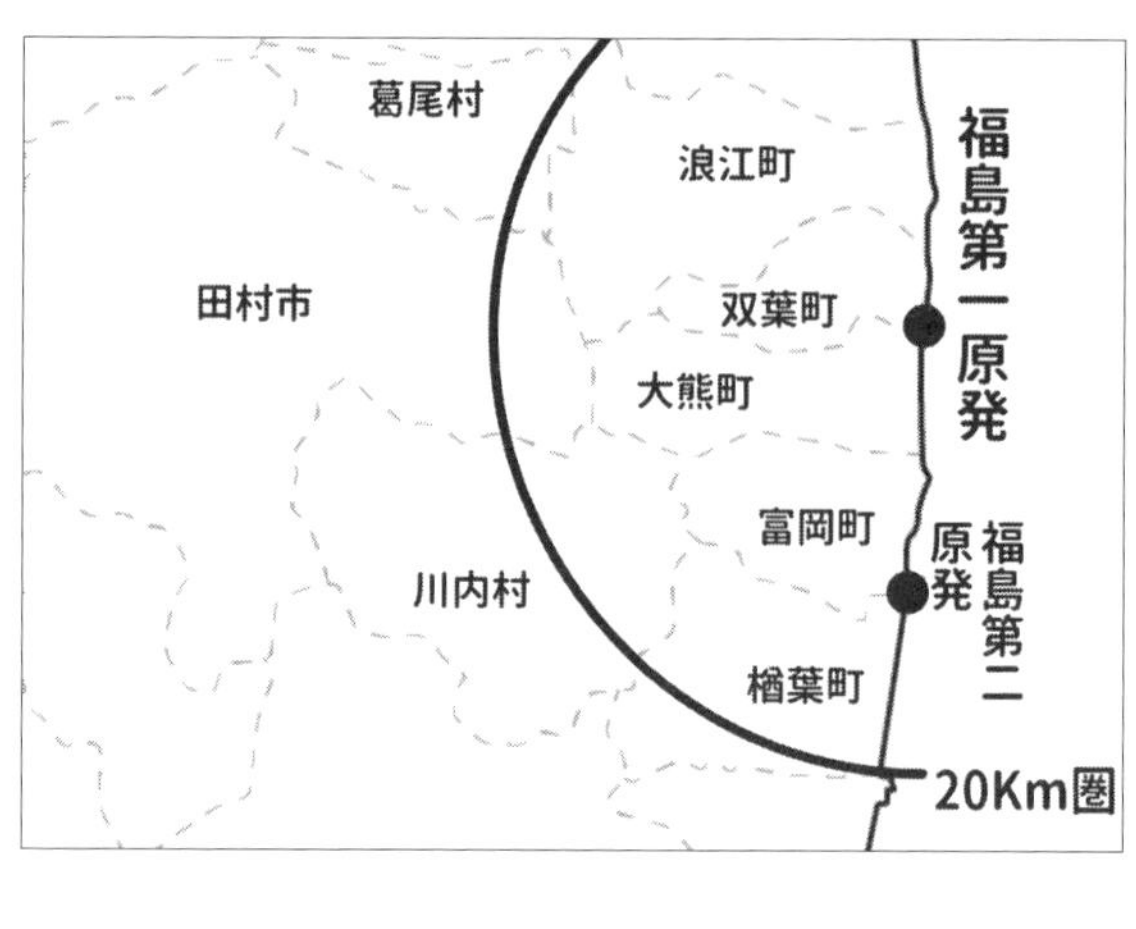

福島第一原発事故の概要

◉２０１１年（平成23年）3月11日14時46分、東北地方太平洋沖地震が発生した。福島第一原子力発電所（以下、福島第一原発。原子力発電所は以下、原発）1～3号機が運転中、4号機～6号機は定期検査中であった。1～3号機の各原子炉は地震で自動停止し、地震による停電で外部電源を失ったが非常用ディーゼル発電機が起動した。

◉**地震の約50分後、**遡上高14～15mの津波が発電所を襲い、**地下に設置されていた非常用ディーゼル発電機・配電系統設備・直流電源設備等が海水に浸かり機能を喪失した。**電気設備、ポンプ、燃料タンク、非常用バッテリーなどが損傷・流出し**1・2・4号機は全電源を喪失した。3号機も3月13日2時42分に全電源を喪失した。**

福島原発事故による避難指示の経緯

日にち	時間	原発	避難指示
3月11日	19時03分	福島第一	原子力緊急事態宣言発令
	20時50分	福島第一	県が半径2km圏内に避難指示
	21時23分	福島第一	国が半径3km圏内に避難指示
3月12日	5時44分	福島第一	国が半径10km圏内に避難指示
	7時45分	福島第二	原子力緊急事態宣言発令
			国が半径3km圏内に避難指示
			国が半径10km圏内に屋内退避指示
	17時39分	福島第二	国が半径10km圏内に避難指示
	18時25分	福島第一	国が半径20km圏内に避難指示
3月15日	11時00分	福島第一	国が20～30km圏内に屋内退避指

◉1号機については、津波が到達する以前に地震動により原子炉の配管が破損していたとする見解も有力である（国会事故調報告書）。

◉**運転中だった1・2・3号機は**原子炉内が空焚きとなり、核燃料収納被覆管の溶融によって核燃料ペレットが原子炉圧力容器の底に落ち炉心溶融（メルトダウン）が起きた。溶融した燃料の高熱で、圧力容器の底に穴が開いたか、または制御棒挿入部の穴およびシールが溶解損傷し、**溶融燃料の一部が圧力容器の外側にある原子炉格納容器に漏れ出した（メルトスルー）**。

◉**1～3号機とも、**メルトダウンの影響で水素が大量発生し、原子炉建屋、タービン建屋各内部に**水素ガスが充満した。1・3・4号機のオペレーションフロアで水素ガス爆発を起こして原子炉建屋、タービン建屋および周辺施設が大破した。**各号機の爆発の時間は次の通り。

1号機＝3月12日15時36分、3号機＝3月14日11時01分、4号機＝3月15日6時0分

（運転中ではなかった4号機が爆発したのは、3号機で発生した水素が4号機建屋に流入したためと考えられている。炉心溶融したにもかかわらず、2号機の爆発が避けられたのは、ブローアウトパネルが脱落し、充満した水素が外部に流出したためとみられている。）

◉格納容器内の圧力を下げるために行われた排気操作（ベント）や、水素爆発、格納容器の破損、配管の繋ぎ目からの蒸気漏れ、冷却水漏れなどにより、**大気中や土壌、海洋、地下水へ大量の放射性物質が放出された。**もっとも大量の放射性物質は、爆発しなかった2号機から漏れ出たものと推測され、**そのピークは15日の朝から昼にかけての時間帯**であった。

被告人は東電元役員3名

東電刑事裁判（＊）で罪に問われた人（被告人（＊））は、勝俣恒久氏、武黒一郎氏、武藤栄氏の3名。

2011年の東日本大震災（3・11）で事故を起こした福島第一原子力発電所（以下、福島第一原発。原子力発電所は以下、原発）を動かしていた東京電力（以下、東電）の元役員（経営陣）。津波対策を怠って原発事故を起こし、死傷者を出した業務上過失致死傷罪に問われ、起訴（＊）された。

＊**東電刑事裁判**…福島原発事故について、東電の元役員らを全国の1万4716人が2012年6月以降、刑事告訴・告発し、検察官は不起訴処分としたが、市民からなる検察審査会は2度にわたる議決によって2015年7月31日、強制起訴を決定した。

勝俣恒久氏

武黒一郎氏

武藤栄氏

（▼02年7月）政府の地震本部が福島沖でも津波を起こす地震発生の可能性指摘

（▼06年5月）東電が勉強会で津波による全電源喪失の危険性を報告

（▼08年3月）東電の子会社が福島第一原発に最大15.7 mの津波と試算

（▼11年3月）東日本大震災、福島第一原発事故発生

→年	2002	2003	2004	2005	2006	2007	2008	2009	2010	2011	2012
勝俣恒久	代表取締役副社長	代表取締役社長					代表取締役会長				退任
武黒一郎	柏崎刈羽原発所長	常務取締役原子力・立地本部副本部長		常務取締役原子力・立地本部本部長		代表取締役副社長原子力・立地本部本部長			フェロー		退任
武藤 栄	東電勤務、電気事業連合会派遣			原子燃料サイクル部長	執行役員原子力・立地本部副本部長		常務取締役原子力・立地本部副本部長		代表取締役副社長原子力・立地本部本部長	顧問	退任

東京電力が、福島第一原発で最大で15.7 mの津波が想定されると計算した平成20（2008）年当時、社長や会長として経営の最高責任者だったのが勝俣元会長、原子力・立地本部の本部長を務めていたのが武黒元副社長、副本部長として原発の安全対策を担当していたのが武藤副社長である。

イラスト：故・人見やよい

＊**被告人**…裁判に問われた人、訴えられた人のこと。
＊**起訴**…検察官（本件においては検察官役の指定弁護士）が被告人を特定して、被疑事実について判決を求める申立てのこと。

第2章　東電刑事裁判、基本のおさらいQ&A

Q　3・11後の原発事故のあと、東電は「想定外の事故」だと繰り返し言っていました。想定していなかったのなら、責任は問えないのではないでしょうか？

A　福島第一原発事故は、地震ではなく巨大津波により全電源が喪失したことが主たる原因で起きました。**福島第一原発が津波に対して脆弱な敷地であることは、福島第一原発事故の前から何度も指摘されていました。福島第一原発は、全国の原発の中でもトップクラスで津波に対して脆弱な原発であることが2000年には明らかになっていました。**重要な資料ですから、当然、被告人ら役員にも共有されていたはずです。

また東電は、2002年7月に公表された推本（すいほん）の長期評価によって、三陸沖から房総沖の日本海溝沿いでマグニチュード8クラスの地震が起き得ること、**福島第一原発に影響を与える危険性がある津波地震が過去400年間に3回、日本海溝沿いの太平洋沖で起きていたこと、政府機関である地震調査研究推進本部が長期評価を公表したことを直ちに知ったと考えられます**（＝推本による長期評価＊）。当初東電担当者は長期評価を取り入れた津波対策をとらずに済ませる方法を模索しましたが、2007年12月に東電は、この長期評価を津波対策に取り入れる方針を決め、2008年2月16日の東電の打ち合わせ（御前会議、中越沖地震対応打ち合わせ）では、被告人である元役員3名にも報告され、資料も配付されました。2008年3月には、最大15・7mの巨

＊**長期評価**…政府機関である地震調査研究推進本部（推本）が地震の規模や発生する確率を予測した「地震発生可能性の長期評価」のこと。これを取り入れるべきであったかどうかが今回の裁判で重要な争点となった。

大津波が福島原発を襲う可能性があるとの試算を子会社が東電に提出しています。
２００２年の推本の長期評価が公表された時点でも、２００４年末のスマトラ津波後の溢水勉強会の場でも、津波対策をとるように要望がなされていました。２００６年には原子力安全委員会や保安院は、指針発出後遅くとも3年以内に耐震バックチェックの最終報告を出すよう、その時には津波対策を完了しているように強く求めていましたし、東電は貞観の津波（長期評価にもとづく津波とは別）について保安院から対策が遅すぎるという指摘を受けています。また福島県も、２００８年に東電に対し、津波を含む耐震想定の見直しを急ぐよう要望していました。

「三陸沖から房総沖にかけての地震活動の長期評価について」（2002 年 7 月）

このように、津波対策は繰り返し求められ、対策をとることになっていたにも関わらず、東電役員は、２００８年７月にそのような社の方針をひっくり返してしまい、この方針が見直されることなく3・11に至ったのです。

なお、推本は２０１１年３月９

日には、長期評価の改訂版を公表する予定でした。その評価では、大規模な貞観津波クラスの津波地震*が869年だけでなく、1500年ごろに発生しており、福島沖を含む太平洋岸でこのような津波がいつ起きてもおかしくないという強い警告を含んでいました。ところが、電力会社と推本の事務局は何度も秘密会議を開いて、この公表を妨害しているさなかに3・11の大津波が発生したのです（この点は第3部で詳述します）。

Q　事故を起こした福島第一原発は、法律に基づいた設計がなされていたのではないのですか？　法律を守って、審査もクリアして作られたのだから、罪は無いのではないですか？

A　原発の事業者（この場合、東電）には原子力安全確保の一義的な責任があることは当然のことで、IAEA（国際原子力機関）の安全原則の冒頭にもそのことが定められています。スリーマイル島原発事故（1979年）、チェルノブイリ原発事故（1986年）フランスのルブレイエ原子力発電所の事故（1999年）、スマトラ島沖地震（2004年）の津波によるマドラス原子力発電所の事故、日本でも福島第一原発1号機の海水漏えい事故（1991年）、新潟県中越沖地震による柏崎刈羽原発での原子炉建屋での地下水の流入事故（2007年）など、地震と津波・水害による災害の経験や原発関連の事故が起きるたびに国際原子力機関（IAEA）などによって世界的に原発の安全基準は見直しがなされ、電力会社も政府もそれを取り入れ、対策を講じな

＊**津波地震**…地震動から求められるマグニチュードの大きさに比して大きな津波が発生する地震のこと。

ければなりませんでした。

さらに、いったん安全審査をクリアしても耐震設計が安全な設計といえないとして、運転が認められていない原発があります（ドイツのミュルハイムケリヒ原発、日本の泊原発など）。ですから、原発が国の審査をクリアしていたとしても、東電が事故の責任を免れる理由にはなりません。

Q　福島原発事故について、①住民が東電や国の責任を追及している損害賠償請求訴訟、②東電の株主が東電役員の責任を追及している株主代表訴訟があると聞きますが、③東電刑事裁判との違いや関係を教えてください。

A　事故後、住民が東電や国の責任を追及している損害賠償訴訟は極めて多数に及びます。２０２２年3月4日、生業（なりわい）訴訟（福島）と群馬訴訟と千葉訴訟の3件の訴訟の上告審を審理する最高裁第2小法廷（菅野博之裁判長）は、東電による上告を棄却し、２０２２年3月30日、愛媛訴訟における東電の上告を受理しない決定をし、生活基盤の変化や「ふるさと」を失った損害などとして、いずれも原発事故の賠償に関する国の基準を上回る慰謝料の支払いを命じていた高裁判決が確定しました。

高裁の判断が分かれていた国の責任については、最高裁は4件（前述の3件に愛

＊福島原発事故後の原発に関連する訴訟

Ⅰ　原発事故の責任をめぐる裁判

①被害にあった住民による東電や国に対する損害賠償訴訟
②東電役員の民事責任を明らかにする株主代表訴訟
　この中で、東電役員の個人の過失責任を問うているのが、東電刑事裁判と株主代表訴訟である
③東電役員の刑事責任を明らかにするための刑事訴訟

Ⅱ　原発の稼働をめぐる裁判

・原発の再稼働をとめるための民事差止訴訟
・原発の設置許可の取消などを求める行政訴訟

媛訴訟を加えた）の事件について２０２２年4月と5月に、国と住民側双方の主張を聞く弁論を相次いで開き、同年6月17日に判決を言い渡しました。結果は国に対する請求を棄却するという予想外のものでした。この最高裁判決は４人の裁判官による3対1の判断でした。この判決の内容と問題点、国の責任を認めた三浦守裁判官による反対意見については本文第１部第3で詳しく説明します。

２０２２年7月13日には、東京地裁商事部（朝倉佳秀裁判長）は、「東電株主代表訴訟」（②）について被告勝俣、清水、武藤、武黒の責任を認め、13兆３２１０億円の損害賠償額を東電に支払うように命じました。この訴訟は、東電の市民株主が、会社に代わって、違法な行為によって会社に甚大な損害を与えた東電の役員5名（3人の刑事被告人と清水正孝社長と小森明生常務）を訴えていたもので、以下「東電株主代表訴訟」、判決を「東電株代地裁判決」と呼ぶこととします。

東電刑事裁判（③）と東電株主代表訴訟（②）は、刑事責任（業務上過失致死傷）と民事責任（株式会社取締役の会社に対する損害賠償責任）と、問われている責任が異なりますし、責任が認められるための立証のレベルにも少し違いがあります。しかし、今回の津波と全電源喪失を事前に予見できたか（結果の予見可能性）、対策を講ずることによって事故の結果を回避できたか（結果回避の可能性）という争点は、ほぼ完全に重なっていますし、先に進行した刑事裁判（③）に提出された、ほぼすべての証拠と証人尋問結果が、東電株主代表訴訟（②）で当事者双方から裁判所に証拠提出されました。その後に、東電株主代表訴訟（②）では、東電刑事裁判（③）の一審で証言した専門家とは別の専門家4名の証人調べ、被告本人に対する時間をかけた尋問、福島原発事故現場の現地調査（現地進行協議）を実施しています。東電刑事裁判③の控訴審では、指定弁護士が東電刑事裁判の一審で調べた島崎邦彦氏と東電株主代表訴訟②で調べた専門家2名の証人調べと、現地検証を求めました。しかし、東京高裁は不当にも、これらの指定弁護士による申請を拒否したにもかかわらず、指定弁護士の立証は不十分だと非難しているのです。

Q　推本の長期評価に基づいて津波対策をとっても、間に合わなかったのではないですか？

A　いいえ、そんなことはありません。2002年に出された長期評価のあとすぐに津波対策を講じていれば、防潮壁などの対策も間に合ったのはあきらかですが、東電が実際に対策の検討を始めた2007年あるいは役員に問題が提起された2008年から対策を講じていれば、少なくとも水密化*と電源の移設などの措置を完成させることはできていました。そうすれば、全体として不十分な点があっても、津波対策としてはかなりの効果を発揮していたと考えられ、炉心溶融事故は避けられたはずです。東電株代地裁判決②と最高裁①の三浦反対意見は、このような考えから、東電役員と国の責任を肯定しているのです。

＊**水密化**…外部から、建屋や機器の設置された部屋に水が浸入しないようにすること

東電刑事裁判関連年表

2002 年 7 月 31 日	政府の地震調査研究推進本部が、長期評価を公表し、福島県沖を含む日本海溝沿いで 30 年以内に M8 クラスの津波地震が 20%程度の確率で発生する可能性があると予測。
2007 年 7 月	新潟県中越沖地震　柏崎刈羽原発は想定を大幅に上回る地震動を記録し地震後全 7 機が停止。営業運転再開は 2 年 5 か月後までずれ込んだ。
2008 年 1 月	東京電力本店原子力設備管理部 (吉田昌郎部長) は、推本長期評価に基づく津波高さの計算を東電設計に発注。
2008 年 2 月 16 日	東京電力御前会議 (中越沖地震対応会議) で推本長期評価の津波 (概算 7.7 メートル + α) に対応する方針を山下和彦中越沖地震対策センター長が提案し、異議なく了承 (判決は資料提出は認めたものの了承の事実は認定せず)。
2008 年 3 月 7 日	東京電力本店内でグループ横断の津波対策工事 (この時点では 4 メートル盤上の対策に限定) のための会議が始まる。
2008 年 3 月 18 日	東電設計は、福島第一原発の敷地に詳細計算で最大 15.7 メートルの津波が押し寄せるという計算結果をまとめ、東京電力に納入。
2008 年 3 月 31 日	東京電力は保安院に福島原発について耐震バックチェック中間報告を提出、福島県にも説明。その場で推本長期評価に基づく津波対策を取る方針と説明 (判決は QA 内容は認めたものの説明は認定せず)。
2008 年 6 月 10 日	東京電力原子力設備管理部　最大 15.7 メートルの津波計算結果とこれに対する対策工事の概要を武藤副社長に報告。武藤副社長は宿題を出し、議論は続行する。
2008 年 7 月 31 日	武藤副社長は津波対策を保留し、時間をかけて土木学会に津波の検討を依頼するという方針を指示。
2011 年 3 月 9 日	大津波を警告する長期評価（第 2 版）が地震調委員査会で承認され、公表される予定だった。
2011 年 3 月 11 日	東日本大震災　福島第一原発事故発生。
2012 年 6 月	福島原発告訴団が東京電力旧経営陣などの刑事責任を問うよう求める告訴・告発状を福島地検に提出。
2013 年 9 月	事件が東京地検に移送され、東京電力旧経営陣など 40 人余りを全員不起訴処分とした。
2013 年 10 月	福島原発告訴団は、東電旧経営陣 6 人に絞り検察審査会に審査申し立て。
2014 年 7 月 31 日	東京第 5 検察審査会　勝俣元会長ら 3 人を「起訴すべき」と 1 回目の議決。
2015 年 1 月	東京地検は改めて 3 人を不起訴処分。
2015 年 7 月 31 日	検察審査会 3 人を「起訴すべき」と 2 回目の議決。
2015 年 8 月	東京地方裁判所は石田省三郎氏らを指定弁護士に選任。
2016 年 2 月	指定弁護士は被告人ら 3 名を業務上過失致死傷罪で起訴。
2017 年 6 月	勝俣元会長ら 3 人の初公判。
2019 年 9 月 19 日	第 38 回公判 判決公判 被告人 3 名全員に無罪判決、指定弁護士は 30 日に控訴。
2022 年 6 月 17 日	避難者訴訟の最高裁判決。3 対 1 で国の責任を否定、三浦守裁判官の反対意見は国の責任を肯定。
2022 年 7 月 13 日	東電株主代表訴訟判決（東京地裁）。勝俣元会長らに 13 兆 3210 億円の賠償を命ずる。
2023 年 1 月 18 日	東電刑事高裁審判決。控訴棄却（被告人 3 名全員に無罪判決）。
2023 年 1 月 24 日	指定弁護士が最高裁に上告
2023 年 9 月	指定弁護士が上告趣意書を提出

第1部

東京高裁の控訴棄却・東電役員らに対する無罪判決を批判する

第1章　東電の主張を鵜呑みにした刑事裁判控訴審判決

1　事故は避けられたという完璧な立証ができていた

今回の東電刑事裁判の控訴審判決（以下、「今回の刑事控訴審判決」と呼びます）の不当性について、海渡と大河の二人が掛け合いしながら話していく形にしたいと思います。リラックスして読める本にしたいと思います。

それでは「東電刑事裁判、誰も刑事責任を取らなくて良いのか」というテーマで話をします。ポイントの一つ目は今回の刑事控訴審判決が東電株主代表訴訟の地裁判決と結論を異にしたのはなぜか。二つ目は刑事裁判で東電役員の責任を問うことは難しいのか、です。最後に最高裁における闘い方というような流れで話します。

海渡　おそらく皆さん新聞記事などにより、東電の元役員の責任を問う裁判が、民事責任は東電株主代表訴訟で、刑事責任は東電刑事裁判で追求されていることはご存じでしょう。そして、

東電刑事裁判 控訴審判決 報告集会で話す海渡雄一氏（左）と大河陽子氏

刑事と民事では、責任の問われ方が違うので、刑事では無罪判決でも仕方ないんだと、そういう書き方をしている「識者」と呼ばれる方もいるんですね。

最初に結論だけ言っておくと、民事責任と刑事責任で違う面が一つあります。それは刑事責任は立証のレベルが合理的な疑いを容れないレベルで、民事責任の場合は証拠の優越なんです。けれども推本の長期評価に信頼性があったかどうか、ちゃんとした津波対策をとることができたか、そしてそれをしていればこの事故が避けられたかという点については、完璧な立証が刑事裁判では指定弁護士の手によってできています。東電役員は、自社の専門家の「津波対策をやりたい」という提案に「やってくれ」と言いさえすればよかったのです。ですから、当然、有罪判決を下すことはできたはずです。刑事責任を問うのは難しいという俗論に惑わされないでほしいと思います。

2　判決は、次の重大事故を準備する非常に危険な論理

大河　まず今年（2023年）の1月18日に東京高裁第10刑事部細田啓介裁判長が控訴棄却の判決（＝無罪判決）を言い渡しました。福島原発告訴団の武藤類子さんが、「はらわたが煮えくり返る思い。最高裁に上告してほしい」「一審判決を再現しているような早口で、東電側の主張を全部うのみにして言っているようだった」という感想を言われましたが、もっともで

した。2時間聞いているうちに「異議あり!」と何度も言いたくなるような、そんな言い渡しでしたね。この判決はどうやって書かれたと思いますか。

海渡　一言で言うと、この裁判官は自分の頭で考えてないなと思います。結論を控訴棄却と決めて、指定弁護士や我々が一審判決をいろいろと批判したことについて、被告人(東電役員3人)側の主張を探してきて、それをぺたぺた貼り付けていった。そうやってつくられた本当にチープな判決です。何の気概も感じられない。

そして「その対策を基礎づける現実的な可能性」という言葉を一体何度聞いたか分かりませんが、呪文のようにこの言葉を唱え続けた。なぜこんなひどい判決(これがいかにひどいかは、このあと詳しく見ていきます)を書く裁判官が生まれて、東京高裁判事にまでなれたのかを考察することも重要だと思うくらい酷い判決です。

大河　当日、弁護団が声明*を出しましたね。この声明で判決を即座に批判しましたよね。

海渡　実はドイツの新聞社からコメントを英語で書いてよこせって言われてたんですね。こんなひどい判決をもらって、そんなものを書くのも……と思ったけれども、約束していたから日本語で書いて、そして英語に翻訳してという作業を報告集会の隅っこでやっていて、一応書けたから、これを出席している皆さんに見せたんですね。判決をもらってから書いたものですけれども、この中でこの判決を端的に批判しました。一審判決をそのまま無批判に受け入れていること、命や生活を奪われた被害者・遺族の皆さんの納得を到底得られないこと、長

＊声明
福島原発告訴団・刑事訴訟支援団弁護団による東京高裁不当判決に対する抗議声明
https://shien-dan.org/protest-20230118/

期評価を「見過ごすことのできない重みがある」とまで述べながら「現実的な可能性」を基礎づける信頼性はないとしたこと、その「現実的な可能性」を地震学の科学的な知見について求めることが根本的な間違いであることなどですね。これらについてはこのあと詳しくお話ししたいと思います。

長期評価に「重みがある」なら守れよと言いたくなりますが、長期評価にはこれを基礎づける研究成果の引用がないと批判するのですね。引用がないといっても、学者が何十人も関わって誰ひとり最後には異論を述べなかったんですよ。それを原発の運転を停止させる現実的な可能性を基礎づける信頼性はないとして、津波対策の必要性を否定した。まず最初に原発事故の対策を基礎づける科学的な知見とは、どういうレベルである必要があるか、徹底的に論じましょう。

最初に言っておくと、この判決が言っているような形で現実的な可能性を求めたら、今の地震学の現状からすれば、**明日大地震が来ることがわかってない限り原発は安全対策を何もしなくていいということになりかねません。**これは**必要な事故対策をしてこなかった事業者と国を免罪して、次の重大原発事故を準備する非常に危険な論理になっている**と思います。

大河　今日のお話としては主に東電株主代表訴訟の判決（13兆円の支払いを命じた判決）や、住民が東電や国の責任を追及している損害賠償請求訴訟の最高裁判決の三浦裁判官の反対意見などと対比しながら、刑事裁判の控訴審判決が誤っていることを論じていきたいと思います。

第2章 原発事故被害の大きさ、悲惨さを考慮していない

1 刑事控訴審判決には、被害への言及がない

大河　まず一つ目ですが、今回の刑事控訴審判決は原発事故の被害を全く考慮していないという誤りを犯しています。判決要旨とか、言い渡しを聞いていても原発事故被害の記載がないんですね。これは原発の危険性、原発事故が起きたら、こんなにひどい目に遭うんだということが、全く裁判官の関心にないことを示しています。原発の危険性を捉えられていないところに根本的な誤りがあります。

海渡　その後作られた判決全文を僕らは入手しているのですが、その中にもないのです。刑事の一審で初めて明らかになった双葉病院の事件は、十分に立証されたものだと思います。供述調書も何十通も出てきて、証人尋問で三人もお話ししてくださっていて、指定弁護士が大変力を入れて、十分に立証された。しかし、これを全く生かしてない。根本から間違っていると思います。

2　双葉病院の被害の真実

大河　双葉病院からの避難が遅れたり、助けられなかった方たちがいたことについて、これらの供述調書がなければ、原発事故の避難ってどういうものか、どれだけ救助しづらいか、避難しづらいかということが、なかなか具体的には分からなかったんです。避難に十時間もかかって、四十名以上の方が亡くなったといわれるけれども、放射線量の高さ、放射性物質の拡散が、避難救助を妨げていたことがわかりました。「線量計の音が鳴る間隔がどんどん短くなり、放射線の塊が近づいてくるような感覚だった」とか、「もう限界だ、ひきあげろ」と若い医官が叫んだとか、そういうような本当に危機的状況で、皆さんが救出されなかったり、長時間病院にとどめ置かれたりという悲劇が起きていたのです。これだけの迫真性のある被害状況が分かっているのに、裁判所が、それに見向きもしなかったということが驚きですね。

次に、ご遺族の皆さんが、心情陳述をされています。これはもちろん裁判の記録に綴られているので、裁判官もそれを読むことができたと思うんですけれども、裁判官は、考慮していないように思います。心情の陳情*をいくつかご紹介します。

「想定外で片付けられると悔しくてなりません。何かしらの対策を取っていれば、女川や東海第二のように事故を防げたのではないかと思うと許せません。分かっていて対策をせず、みすみす爆発させたのなら、未必の故意ではないのか。誰一人責任者が責任を取っていない

＊心情の陳述
添田孝史「「母は東電に殺された」被害者遺族の陳述」（刑事裁判傍聴記：第３４回公判）より
https://shien-dan.org/soeda-20181114/

のが悔しい。」

「東電の2002年のトラブル隠しの後に〔福島原発事故が＝引用者注〕起きているのがとても残念です。高度な注意義務を負っている経営者に刑事責任を取ってもらわないと、今後の教訓にならない。もう二度と同じ思いをする人が出ないように。」

「国会でも原発の津波対策について質疑があった。東電は自ら安全神話にとりつかれ、慢心があったとしか言いようがありません。」

「父は寝たきりで、2時間ごとの体位交換が必要でした。経口摂取困難で中心静脈カテーテルで薬剤の投与を受けていましたが、避難の際に抜かれ、水分や栄養摂取できなくなりました。このようなひどい状況に20時間近くもおかれ、父が亡くなったそうです。父は寒がりでしたし、水分や栄養を摂取できず、身動きできない状況でどれほど辛く苦しかったことでしょう。私が結婚するにあたって、夫が実家に挨拶に訪れた際に父はここには原発があるからなと不安を口にしました。原発のことを不安に思っていた父が原発事故で亡くなるとは全く想像もしていませんでした。」

「遺体を確認したとき骨と皮のミイラのようだった。被告人の方、この時の気持ちは分かりますか。この裁判であなた方は、部下に任せていて、私の知りうることではないと言い続けている。経営破綻した別の会社の社長はすべて私の責任、社員を責めないでと言っていた。あなた方もトップの責任としてなぜこれぐらいのことを言えないのですか。母の死因は急性心不全だが東電に殺されたと思ってます。」

海渡　これだけのご遺族の陳述を聞いていれば、普通の裁判官なら、原発には、高度の安全性が求められる、その施設の危険性を踏まえた上で、原発事業者の責任を検討することになるはずです。にもかかわらず、この根幹がすっぽり抜けている。驚きの判決です。

3　浪江町請戸の浜で起きた原発震災の悲劇

大河　次に請戸（うけど）の浜の悲劇についてですが、海渡先生は請戸の浜に行かれていますね？

海渡　皆さんの中にもご覧いただいた方がいると思いますが、弁護士の河合弘之さんと一緒に作った映画『日本と原発』の中で、請戸の浜の問題を取り上げようと言ったのは私なんです。事故の直後から現地に入った時に、この請戸の浜で、地震と津波が起きた夜に、原発から数キロの請戸の浜の津波に呑まれた地域を回っていた消防団員の方の話を聞く機会があったのです。津波でつぶれた家の中から物音はしていたんだというんですね。それで「朝になったら助けに来るからなぁ」と叫んであの浜を回ったんですよというのです。しかし、朝5時に、浪江町（なみえまち）は全町避難となって、消防団は避難活動の方に回され、津波被災者の避難活動をできなかったという話を聞きました。助けが来るのを待ちわびて、誰も来ない状況の中で、亡くなった方々が何人かは分かりませんけれども、かなりの数いたと思われるんですね。そしてその方々の遺体捜索が始まったのは、４月14日で、そのときにはかなりご遺体も傷んでいたのです。

また映画で撮ったシーン（下・右）ですけれども、馬場有（たもつ）町長が、涙ぐみながら、「あのときのことを思い出すと涙が出ますよ、４月14日ですよ。１カ月以上ですよ。もう亡くなっている方の遺体見られたものじゃないんです。」と言われたんですね。

4　国は東電と共犯関係であり続けた

海渡　これは5月4日の二本松の避難所に避難されていた福島の方々のところに謝罪のために訪問された東電の清水正孝社長以下の映像（下・左）なんです。ここでも、住民の皆さんから、「社長さんはここに来る前まず請戸に行かれましたか。そこで亡くなった人たちに頭を下げるのが、人間としての筋じゃないのですか」と言われて、実際にこの場で土下座までしているんです。本当に悪かったと思って土下座したのだったら、この裁判でも責任を認めるべきです。しかし、実際に彼がやったことというのは3月7日に15・7メートル

2011 年 5 月 4 日
東電清水社長らの謝罪訪問　福島県二本松市
（映画「日本と原発 4 年後」ⓒ K プロジェクト　8 分 32 秒から 53 秒）

馬場有町長（当時）
「あの時のことを思い出すと涙出ますよ。……やあ、……本当にね。」
「4 月の 14 日ですよ。1 か月以上ですよ。もう亡くなっている方が。遺体見られたもんじゃないです。」（映画「日本と原発 4 年後」K プロジェクト 09 分 34 秒〜 09 分 55 秒）

の津波の報告を保安院に出していたのに、そのわずか一週間後3月14日に、この津波は不可抗力だったとして、東電には民事責任はないという記者会見までしているんです。この会見で彼が話したことは明らかに嘘ですよね。しかし、国は津波の報告をわずか1週間前に受けていたのに、そのことを東電と一緒になって隠した。清水社長の嘘を、国は指摘しなかったわけです。

このことが明らかになったのは、その年の8月、読売新聞のスクープによってですよ。国と東電は事故後も共犯関係だったわけです。ここにこの国の行政の大きな問題点があるし、日本国民全体で、事故の反省をきちんと共有できてない一つの原因があると私は思っています。

大河　事故当時社長だった清水さんは東電株主代表訴訟の被告にはなってますけど、刑事裁判では被告人になっていないですね。

海渡　もちろん清水さんも告訴したんですよ。だけど、この方については、原発の事は全く分からない人だったからという理由で、起訴の対象から外れたんです。

5　避難区域に広がる広大な中間貯蔵施設

大河　原発事故後、避難指示が出ていますけれども２０２２年8月30日時点でも、次の地図で太く縁取られているところが帰還困難区域になっていて、住めない土地が広がったままです。時間的・空間的に、考えられないような被害が今も続いているのです。

それから中間貯蔵施設ということで、双葉町、大熊町を跨ぐように1600ヘクタールが中間貯蔵施設とされていますが、施設という用語からイメージするのとはちがって、遥かに広い地域、渋谷区よりも広いエリアが汚染土、放射性物質で汚染された土を中間貯蔵する場所に使われています。

避難指示区域の概念図

(令和５年５月１日時点　飯舘村の特定復興再生拠点区域の避難指示解除後)

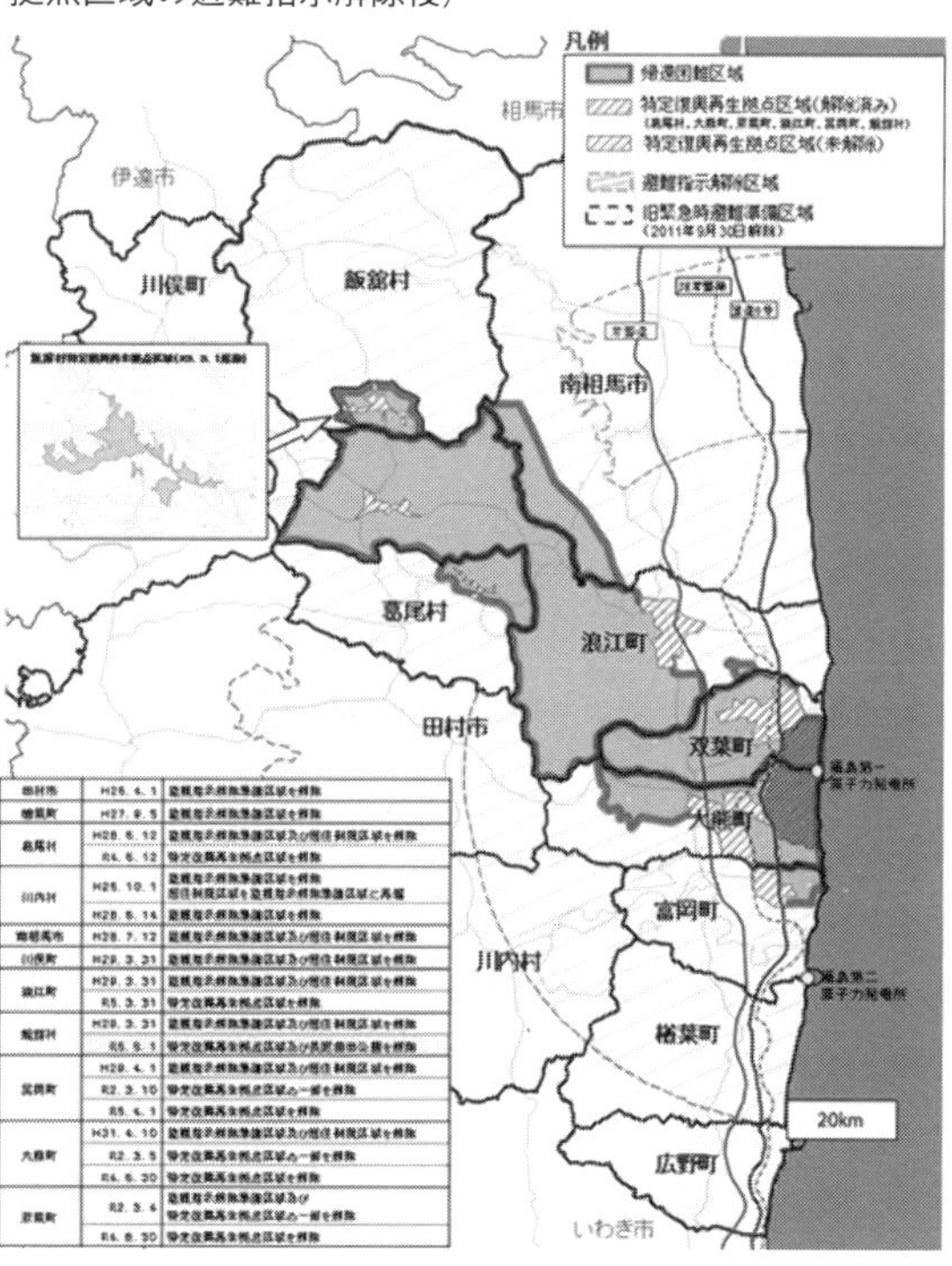

福島県ホームページ「避難指示区域の変遷について－解説－」

さらに、環境省が各地で汚染土を埋めて再利用するという実証事業に乗り出し、各地で反対運動が起きています。新宿御苑や埼玉県所沢、筑波などですね。

海渡　私の事務所は新宿御苑から歩いてすぐのところにあるんですけれども、本当に恐ろしいなと思うことは、放射性廃棄物は、人間が暮らす環境から隔離しなければいけないものです。それが前提だったはずです。それをたくさんの人が世界中から観光のために集まって来るような公園に埋めようというのです。たしかにそこに埋めても、しばらくの間は計測しても何も観測されないかもしれませんよ。それを見せて、安全なものですとかいう宣伝のために使おうとしてるんでしょう。それが一体何年もつものなのか、そしてそこにそういうものを埋めたという情報が、今後きちんと伝えられるかもわからない。だからそういうことを全く度外視して、とにかく安全性の実証事業といっていますが、安全だと最初から決めてかかってやろうとしている。原発事故後の放射性廃棄物管理に関する、政府のいい加減さを象徴するような事業になっていると思います。

大河　１９８６年に起きたチェルノブイリ原発事故では、北半球全体に汚染が広がっているのですが、原発から６００キロメートル離れた場所にも1平方キロメートルあたり1キュリー（３７０億ベクレル）ぐらいの汚染が広がっています。原発事故が起きたら、国土のみならず国外にまで、広範囲に地球を汚染してしまう。これは常識だと思います。そういったことは公知の事実であり、原発とはそういうものだという前提で裁判はなされるべきでした。

6　石橋克彦氏が予言した「原発震災」が現実のものに

大河　大地震と原発事故が同時に起きることによる被害の甚大性を表現した「原発震災」という言葉がありますね。

海渡　「原発震災」ということばは著名な地震学者であり、国会事故調の委員もされた石橋克彦先生が造語されました。１９９７年にはすでに警告はされていたんです。震災時には原発の事故処理や住民の放射能からの避難も平時に比べて極度に困難になる。まさに大地震によって通常震災と原発災害が複合する原発震災が発生する。地震動を感じなかった遠方にまで何世代にもわたって深刻な被害を及ぼす。膨大な人々が二度と自宅に戻れず、国土の片隅でがんと遺伝的障害に怯えながら細々と暮らすという未来図を決して大げさではないと言っておられます。

7　「国そのものの崩壊にもつながりかねない」とした東電株代訴訟判決

大河　原発事故による被害の甚大性について、東電株主代表訴訟の判決がどういう判示をしたかについて、まず見てみましょう。

「原子力発電所において、一たび炉心損傷ないし炉心溶融に至り、周辺環境に大量の放射性物質を拡散させる過酷事故が発生すると、当該原子力発電所の従業員、周辺住民等の生命及び身体に重大な危害を及ぼし、放射性物質により周辺の環境を汚染することはもとより、国土の広範な地域及び国民全体に対しても、その生命、身体及び財産上の甚大な被害を及ぼし、地域の社会的・経済的コミュニティの崩壊ないし喪失を生じさせ、**ひいては我が国そのものの崩壊にもつながりかねないものであるから**、原子力発電所を設置、運転する原子力事業者には、最新の科学的、専門技術的知見に基づいて、過酷事故を万が一にも防止すべき社会的ないし公益的義務があることはいうをまたない（最高裁昭和60年（行ツ）第133号平成4年10月29日第二小法廷判決・民集46巻7号1174頁参照）。」（判決文84頁。太字は引用者）

海渡　この判決文は重要ですね。原子力事業者は最新の科学的、専門技術的知見に基づいて、「過酷事故を万が一にも防止すべき社会的・公益的義務がある」とも言っていますね。この判示は1992年の伊方原発設置許可取消事件の最高裁判決*を引用しつつ、かなり加筆しているのです。「コミュニティの崩壊」と「わが国そのものの崩壊」という部分は、伊方最高裁判決にはなかった言葉です。3・11福島原発事故後に伊方最高裁判決を適用するなら、当然こう言うべきだと朝倉佳秀裁判長は考え、伊方判決を引用しながら、このように伊方最高裁判決をバージョンアップされているのです。

大河　東電株主代表訴訟判決はきちんと原発の被害の甚大性を認定したということですね。他方、刑事控訴審判決は原発事故の被害をまったく考慮しておらず、根本的に誤っています。

＊伊方最高裁判決
住民らが伊方原発の設置許可を取り消すよう求めた事件の最高裁判決
（最高裁平成４年10月29日第一小法廷判決）

第3章

国に責任はないとした最高裁判決と今回の刑事控訴審判決の共通点

1 原子力関連法令の趣旨や目的が踏まえられていない

海渡 刑事控訴審判決のもう一つの特徴は、原子力関連法令の趣旨や目的が踏まえられていないということです。

大河 刑事裁判で問われているのは**業務上過失致死傷罪**です。業務上必要な注意を怠ったかどうかがこの罪の成否の分かれ目になります。ところがこの判決では業務上の注意義務について、**原子力関連法令が規定している原発事業者の義務やその取締役が負う注意義務についての考察が欠落**しています。

海渡 これでよく判決が書けたと思いますよね。この点は、東電株主代表訴訟と比較するとわかりやすいですね。

2　緻密な法令解釈を展開した東電株主代表訴訟判決と最高裁三浦意見

大河　はい。東電株主代表訴訟判決では、原子力災害対策特別措置法や原子炉等規制法*、電気事業法など関連法令を多数引用して、これらの法令によって、原子力事業者には原発の安全性を確保すべき一義的責任があると判示しています。原子力事業者の取締役の責任についても「過酷事故を防止するために必要な措置を講ずるよう指示等をすべき会社に対する善管注意義務**を負う」というように、法令に基づいた考察がされています。

他方、最高裁判決の多数意見***も刑事控訴審判決と同じ誤りをしていて、法令の名前はいくつか出ていますが規定をなぞるだけで、その規定が何の目的でどういう趣旨で定められているのかということを全く検討していません。

海渡　そうなのです。最高裁多数意見というのは国の責任を否定した最高裁判決の3人の裁判官（菅野博之裁判長、草野耕一・岡村和美裁判官）による判決の部分ですね。多数意見では原子力基本法とか原子炉等規制法など重要な法律が抜けているんですね。

それにひきかえ国の責任を認める反対意見を書いた三浦守裁判官の意見では、東電株主代表訴訟と同じようにていねいな認定をしていましたね。

大河　三浦裁判官の反対意見では、原子力基本法からはじまり一番下位の技術基準までその趣旨をていねいに検討して、これらの法令の趣旨から、国は事業者に対し、極めてまれな災害も

***** 原子炉規制法**
正式名称は「核原料物質、核燃料物質及び原子炉の規制に関する法律」

**** 善管注意義務**
善良な管理者としての注意義務

***** 最高裁判決の多数意見**
避難者らが国・東電を相手に損害賠償を求めた訴訟の最高裁判決（2022年6月17日判決）

未然に防止するために必要な措置を講じさせるよう規制権限を行使すべきだったとして、国に責任があることを導き出しています。こういった原子力を規制する法律のあり方をめぐる考察が、刑事裁判の控訴審判決には欠けています。

海渡　三浦反対意見では憲法との関係についても触れられています。大事な部分ですから、少し長くなりますが引用します。

「原子炉施設の安全性が確保されないときは、数多くの人の生命、身体やその生活基盤に重大な被害を及ぼすなど、深刻な事態を生ずることは明らかである。生存を基礎とする人格権は、憲法が保障する最も重要な価値であり、これに対し重大な被害を広く及ぼし得る事業活動を行う者が、極めて高度の安全性を確保する義務を負う」

また、原子力施設が津波被害を被るおそれがある場合に、企業の経済上の利益や消費者の電気を受ける利益を理由に対策しないことは許されない、とも述べています。

大河　これは最高裁判決の書き方にしては、通常の判決よりずいぶん力が入って、明確に書いてありますよね？

3　三浦反対意見のもとは、最高裁調査官意見ではないか

海渡　そうですね。「生存を基礎とする人格権は、憲法が保障する最も重要な価値であり、これ

に対し重大な被害を広く及ぼし得る事業活動を行う者が、極めて高度の安全性を確保する義務を負う」ということは私たち法律家にとっては当然のことですが、よく言いきったと感心します。

三浦裁判官の反対意見は30ページ近くあって、判決全体の半分以上あります。非常に論理的で、判決書の形式で緻密に書かれているんですね。私は、この反対意見は、三浦裁判官がひとりで書いたのではなく、最高裁の調査官（出身は裁判官）が下書きを書いたのではないかと思います。そして、多数意見を批判している箇所、先ほど引用した箇所などは、ものすごく強いトーンで書かれています。文章のトーンから見て、意見の書き手の文体が2つあるんですね。この強い想いで書かれた部分は三浦裁判官が書いた部分でしょうね。この三浦意見の中には、こういう部分が随所に見つけられますが、それはまた後に述べることにします。

そもそも、調査官は多数意見とするために、国の責任があるという見解を書いたと思われます。ところが、最高裁判事のうち3人が反対し、三浦裁判官だけが調査官意見に賛成したのでしょう。そして多数意見は、調査官が協力しない状況で三人の裁判官だけで書かれたと思われます。だから、多数意見は非論理的で事実認定の面でも多くの誤りをおかしています。

大河　ところで調査官とはどのような人たちなんでしょうか?

海渡　最高裁には、裁判所法第57条にもとづいて、最高裁判事の審理を補佐するために調査官が置かれています。事務総局の組織図には含まれませんが、事務総局の一部と理解されています。調査官は、上告された裁判記録を読み、「大法廷回付」、「小法廷での評議」、「棄却相当」、「破棄相当」と事案を分類し、担当の最高裁判所裁判官に答申を行います。判決文についても、基本的には調査官が判決文の草案を書くといわれています。最高裁の調査官たちが勤務する調査官室は、大きく民事・行政・刑事の3部門に分かれており、首席調査官を除く調査官たちは担当する事件の種類に応じて3部門のいずれかに所属しています。最高裁調査官の定員は特に決められていませんが、現在約40名の調査官がいます。

アメリカ連邦最高裁には、そこで働くロークラークという優秀な法律家がいますが、彼らは一人ひとりの判事に付いているのです。これに対して、調査官は、各裁判官についているわけではなく、最高裁事務総局の一部のように運用されています。その調査官が、この事件は明らかに国に責任があるという意見を持っていたことが、三浦反対意見を通してはっきり読み取れると私は思っています。

大河　ということは、私たちの主張を分かってくれている若い優秀な調査官が最高裁にいるということですね。

海渡　その点が我々の最高裁での勝利につながる好材料です。そこにたどり着けば我々に勝機はあるということです。

4　国の責任を否定した判事たちはみな大企業・大法律事務所と何らかの経済的つながりがあった

大河　ところで、三浦裁判官はどんな方なのですか。

海渡　三浦裁判官は前職が大阪高検の検事長、検察組織のナンバー3だった人です。法務省の刑事局で長く働き、通信傍受法（盗聴法）の制定に深くかかわった方です。国の立場を代弁し、捜査機関の権限を強めるために働いてきた方が、今回、国の責任を認めたことの意義は大きいと言えます。

これに対して、最高裁の多数意見を構成した菅野博之裁判長は、キャリア裁判官ですが、退職後、長島・大野・常松法律事務所の顧問に就任しています。これは驚きです。この事務所は東電株主代表訴訟において補助参加人である東京電力の代理人を務めた代理人たちの事務所です。この判決を手土産に、大手法律事務所の顧問の職に就いたといわれても仕方ないでしょう。

岡村和美判事は、キャリアの最初は長島・大野法律事務所（長島・大野・常松法律事務所の前身）に所属し、その後法務省の国際部門で働き、消費者庁長官などを務められた方ですが、裁判官の経験はありません。もう一人の草野耕一判事は、五大法律事務所の一つ、西村あさひ法律事務所の代表だった方です。草野判事は、この判決に補足意見を書いています。

この補足意見は、仮定に仮定を重ねて、「本件規制権限が行使されていても、本件地震が実際に発生した規模のものである限り、本件事故と同様の事故の発生を回避できなかった可能性が相当程度以上あり、かつ、本件規制権限が行使されていなくても、本件地震が本件長期評価の想定する規模のものである限り、本件事故と同様の事故の発生を回避できた可能性が相当程度以上あった。」という結論を導いたものですが、その認定の根拠となる証拠は何も示されておらず、事件の記録には全くない独自資料を基に書かれた異例な意見です。草野判事は、司法機関の中で、最高裁判所に与えられた最終審としての役割を正確に理解しているかどうか疑問があります。このように、多数意見を構成した人たちは、みな大企業・大法律事務所と何らかの経済的なつながりがあった人々であると言え、多数意見の正当性には深刻な疑問があります。

いろいろ述べてきましたが、このように、国の責任を否定した最高裁判決は、非常に疑問のある内容のものであり、今後他の小法廷あるいは大法廷によって見直される可能性は十分あると私は考えています。

第4章　安全確保のために対応するべき科学的知見とは

1　どんな自然事象に対応する義務があったのか

大河　次に、津波対策を基礎づける科学的知見について、「現実的な可能性」を要求するのが正しいかどうかについて考えてみましょう。

今回の控訴審判決の話に戻りますが、判決の読み上げの時に何度も耳についたのが「現実的な可能性」という言葉ですね。判決は何度も「長期評価は、本件原発の10ｍ盤を超える津波の襲来についての現実的な可能性を認識させるような情報ではない」といって長期評価の信頼性を否定しています。しかし、原発の安全性に関して考慮すべき科学的知見について「過度の信頼性」を求めると、かえって原発の安全が確保できなくなりますよね。国は、どんな基準で自然事象の考慮を求めていたのかを考える必要があります。

海渡　それを考察するために、福島原発事故前の、原発の安全に対する国の指針はどうなっていたかから振り返ってみましょう。

大河　２００６年に改訂された新耐震設計審査指針では、津波について「施設の供用期間中に極めてまれではあるが発生する可能性があると想定することが適切な津波によっても、施設の安全機能が重大な影響を受けるおそれがない」ようにしなさいと定めました。

海渡　まさに「極めてまれ」な津波を想定している。**極めてまれだけれども起きる可能性が否定できなければ、ちゃんと対応しなさいと国が命じている**わけです。

大河　さらにこの指針には解説が付いていまして、「残余のリスク」というものがあり、そのリスクを、策定された地震動を上回る地震動の影響が施設に及ぶことにより、施設に重大な損傷事象が発生すること、施設からの大量の放射性物質が放出される事象が発生すること、あるいはそれらの結果として周辺に対して放射線被ばくによる災害を及ぼすことのリスクと定義しています。これについて十分認識しつつ、合理的に実行可能な限り小さくするための努力を払うべきだと定めています。

海渡　**現実にそういう事故が起きるということを前提にして過酷事故の対策もしなさいということです。極めてまれであっても科学的に予見された以上はきちんと対策を取ることが義務づけられていたということが、国の指針から裏付けられます。**

大河　さらにこの指針が出された翌日、原子力安全・保安院が原子力事業者に「耐震バックチェック」を行うよう指示をしました。

海渡　指針は、直接的には新しい原発に適用される建前ですが、それまでにすでに**建設された原発についても、改訂された新しい指針に照らして安全が確保されているか確認をしなさい、**

ということです。位置づけとしては電力会社の自主的な活動とされているのですが、国・保安院がこれをチェックする仕組みでした。「耐震バックチェックのために最新の科学的な知見を取り入れなさい」と指示したわけです。

2 原発の事故対策を導く科学的知見に「現実的な可能性」を求めると次の事故は防げない

大河　原発の事故対策を基礎づける科学的な知見について「現実的な可能性」を求めることは、地震学の現状からして、明らかに間違いです。東京大学地震研究所名誉教授をされている纐纈一起先生は、地震学の三重苦という科学的知見の限界を述べておられます。

「地震という自然現象は本質的に複雑系の問題で、理論的に完全な予測をすることは原理的に不可能なところがあります。また実験ができないので過去の事象に学ぶしかなく、地震は低頻度の現象で学ぶべき過去のデータが少ない。私はこれを三重苦と言っています。東北地方太平洋沖地震がまさに、この科学の限界が現れてしまったといわざるを得ない*」

このように、地震学の専門家も地震学は本質的によく分からないものだと述べているのです。自然現象についての科学的知見に現実的な可能性などを求めたら、対策は何もできなくなることがわかります。東電刑事控訴審判決は、必要な事故対策をしないことを免罪し、次

＊岡田義光・纐纈一起・島崎邦彦「座談会　地震の予測と対策：『想定』をどのように活かすのか」『科学』岩波書店、2012年6月号。

の原発事故を準備する危険な論理となっているといえます。

海渡　今、大河さんが紹介した地震学の三重苦の文章は、岩波の『科学』２０１２年6月号に掲載されたものです。その前に３・11後に最初に僕たちが大飯原発差し止め訴訟で勝った福井地裁の樋口英明裁判長が、この文章を判決に引用してくれました。

東電株主代表訴訟判決には、「科学的知見ごとに地震や津波などの自然現象に関する知見はその原因および現象の解明や理解が不断に進歩発展しているものの、本質的に複雑系の問題であって理論的に完全に予測をすることは原理的に不可能である上、実験ができないので過去の事象に学ぶしかないが過去のデータが少ないという限界がある」と認定されています（判決２６９頁）。纐纈先生の見解を元にしたことが明らかですね。この認識が今回の刑事控訴審判決には完全に欠落してるんですよ。ここが誤りの根源であると僕は思います。

東電株主代表訴訟判決は「研究者の間で異論が存在しないとか、裏付けるデータが完全であるなど、津波の予測に関する科学的知見に過度の信頼性を求めると現実に起こり得る津波の対策が不十分となり、原発の安全性の確保が図れない事態（全電源喪失による過酷事故）が生じかねない」ともいっています（判決２７０頁）。時間的には前後しますが、東電刑事控訴審判決を正しく批判する論理となっていますね。

海渡　信頼性は高ければ高いほどいいんじゃないか、と思われる方もいるかもしれませんが、完全な予測が不可能な自然現象が関わる場合、そうはいかないのです。

大河　先ほどご紹介した最高裁判決の三浦反対意見も、東電株主代表訴訟判決と同じ見解を示していますね。長期評価に不確かさがあることを認めたうえで、「自然現象の予測が困難であって、不確実性を伴うことは、むしろ当然のこと」と言っています。そして対策を取るべき津波というのは「確立した見解に基づいて確実に予測される津波に限られるものではなく、最新の知見における**様々な要因の不確かさを前提に、これを保守的に（安全側に）考慮して、深刻な災害の防止という観点から合理的に判断すべきものである**」と判示しています（太字は引用者）。

海渡　これが地震や津波を相手にする場合に求められる正しい信頼性のレベルなんですね。科学的知見が確立していないからと何もしないでいると、取り返しのつかない過酷事故を起こしてしまうのです。

　今回の刑事控訴審判決は、津波対策を基礎づける科学的知見というには、現実的可能性が必要だと判断していますが、原発に求められる安全性の程度やそのような安全性を確保するためにどのような自然事象に対応することが必要なのかについて、法的な規範を示した判示部分は見つけられません。何の前提も説明もなしにこのような判断を導いており、その根拠は不明といわざるを得ません。

　今回の刑事控訴審の裁判所には、指定弁護士によって、証拠調べを求めて東電株主代表訴訟の朝倉判決の全文が提出されていましたから、これを読むことができたはずです。刑事控訴審の細田裁判長は指定弁護士に対して、「東電株主代表訴訟判決は証拠としては採用しないが、先例の調査として、きちんと読む」と説明したそうです。しかし、言い渡された刑事控訴審判決には、このような東電株主代表訴訟判決への言及も、これに関連する判示もありません。まさに、刑事控訴審判決は、必要な事故対策をしないことを免罪し、次の原発事故を準備する危険な論理となっているのです。

3　浜岡原発訴訟静岡地裁一審判決の誤り

海渡　このことで思い出すのは、2007年に静岡地裁が、浜岡原発運転差止訴訟*で請求棄却により原告敗訴の判決をしたときのことです。

大河　海渡先生や河合弘之弁護士も担当した原発運転差止訴訟ですね。

海渡　この裁判は、ほんとうは勝つはずだったと思います。河合さんも私も他の弁護士たちも、これは勝つぞ、と思って判決に臨みました。東海地震研究の第一人者で、「原発震災」という言葉を生み出した神戸大学名誉教授の石橋克彦さんは、原告のために証言をしてくださっただけでなく、判決の日にも静岡地裁に来られたのです。私は、「一緒に歴史的判決を聞きましょう！」と誘ったんですが、「いや……私は外で待っています」と断られちゃった。

大河　石橋先生は傍聴されなかったのですか。

＊浜岡原発運転差止訴訟
住民らが浜岡原発の運転差し止めを求めて 2003 年 7 月 3 日に提訴した訴訟

海渡　そうなんです。何か嫌な予感がしたらしいんですよ。「なんだ水くさいなぁ」なんて私は思っていたんですが、言い渡された判決はまさかの原告敗訴判決でした。新聞記者が私たちのところよりも先に石橋先生のところに行ってコメントを求めました。その時に石橋先生が言ったのが「判決の間違いは自然が証明するだろうが、そのときは私たちが大変な目に遭っている恐れが強い」という言葉です。

大河　まるで3・11を予言したかのような言葉ですね。この時の静岡地裁判決が、今回の刑事控訴審判決と同じ誤りを犯していたということなのですね。

海渡　そのとおりです。静岡地裁では、原告らはスマトラ島沖のM9クラス(マグニチュード)の地震・津波（2004年）を念頭に、フィリピン海プレートとユーラシアプレートとの境界で起きる東海地震、東南海地震もM9クラスになりうると主張していました。判決では、過去に起きたことのあるM8クラスの地震よりさらに大きなM9クラスの地震が起こることを否定はできないと認めたのです。にもかかわらず「このような抽象的な可能性の域を出ない巨大地震を国の施策上むやみに考慮することは避けなければならない」として、この可能性を考慮しないこととしたのです。否定はできないと言っているんです。否定できない地震なのに考慮するなという判決になった。まさに石橋先生が言ったように、この判決が間違いであることが最悪の事故によって証明されてしまったのが、福島原発事故だったのです。過ちは繰り返されます。今回の刑事控訴審判決をそのままにすれば、次の原発事故を引き起こすことにつながるのです。

第5章　長期評価と東電津波計算の位置づけについての判断の誤りが刑事控訴審判決の中心的誤り

1　「見過ごすことのできない重みがある」と認めた長期評価を無視した刑事控訴審判決

推本の長期評価について、今回の刑事控訴審判決は、一応「国として、一線の専門家が議論して定めたものであり、見過ごすことのできない重みがある」とは述べました。このような認定は刑事裁判の一審東京地裁永渕健一判決にはなかったものです。原発については高い安全性が求められているのですから、重みのある政府見解に基づいて対策を講ずることは当然のことのはずです。しかし、東京高裁は、この見解に反する意見の研究者がいることなどを根拠に、原発の運転を停止させる「現実的な可能性」を基礎づける信頼性はないとして、津波対策の必要性自体を否定してしまったのです。

今回の刑事控訴審判決に対して、判決当日に公表された指定弁護士のコメントは次のように述べています。

「長期評価の信頼性を全面的に否定した本日の判決は、到底容認できません。最高裁判決*（令和4年6月17日第二小法廷判決）は、長期評価の信頼性について明言はしていませんが、東京電力が行った試算は『安全性に十分配慮して余裕を持たせ、当時考えられる最悪の事態に対応したものとして合理性を有する試算であったといえる』と判示して、長期評価の信頼性や、試算結果について一定の評価をしていると解釈できます。ところが本日の判決は、第一審と同様、長期評価の信頼性を全面的に否定し、試算結果をないがしろにするもので、最高裁判決の趣旨にも反します。判決は、繰り返し『現実的な可能性を認識させるような性質を備えた情報』ではなかったとして、発生の確実性の情報の必要性を求めていますが、とりわけ津波のような自然災害に基づく原子力発電所事故というシビアアクシデントにまで、このような見解をとれば、およそ過失責任を問えないことになり、不合理と言うほかありません。本日の判決は、国の原子力政策に呼応し、長期評価の意義を軽視するもので、厳しく批判されなければなりません」

この指定弁護士の意見は上告の理由を示唆しているといえます。

2　東電設計の津波計算が合理的なものであることは最高裁多数意見も認めている

国の責任を最終的に否定した最高裁の多数意見も、実は東電設計の津波計算を合理的なものと

＊最高裁判決…
37ページ脚注の最高裁判決のこと

認めていることは重要です。最高裁判決の多数意見は、対策を講じても結果を回避できなかったという理屈で国の責任を否定しましたが、東電設計の計算結果については次のように述べて合理性を認めているのです。

「本件試算は、本件長期評価が今後同様の地震が発生する可能性があるとする明治三陸地震の断層モデルを福島県沖等の日本海溝寄りの領域に設定した上、平成14年〔2002年＝引用者注〕津波評価技術が示す設計津波水位の評価方法に従って、上記断層モデルの諸条件を合理的と考えられる範囲内で変化させた数値計算を多数実施し、本件敷地の海に面した東側及び南東側の前面における波の高さが最も高くなる津波を試算したものであり、安全性に十分配慮して余裕を持たせ、当時考えられる最悪の事態に対応したものとして、合理性を有する試算であったといえる。」

これに対して、今回の刑事控訴審判決要旨は、

「長期評価の見解を基に、福島県沖や茨城県沖の日本海溝寄りの波源モデルとして明治三陸沖地震のものを設定し、津波評価技術の手法によって想定津波水位を求めることは、当該領域に対して設定することや、そこにおける発生頻度についての評価が適切かどうか、信頼度の低いものを波源モデルとして確定的に据え、さらにその発生のあり方に関する条件の不確実性を考慮するパラメータスタディを行うこととなり、津波評価技術が予定しているものとは別の次元の不確実性を増幅するものとなるため、現実の津波対策に資するに足りる信頼性を備えるものと期待されるような内容と受け止めるべきであったとは認め難い。」と判示し、つまり長期評価は対策の基本

となる合理性・信頼性がないとしているのです。

このように今回の刑事控訴審判決は、最高裁判決の多数意見とも、１８０度異なる事実認定のもとに判断がなされているのです。最高裁で見直しが必要なことは明らかです。もちろん、推本の長期評価の信頼性を真正面から認めた三浦反対意見とは根本的に異なります。三浦反対意見は、まとめると、以下のようになります。

第一は、法令の趣旨、目的を正しく認定したうえで、長期評価の信頼性を事実経過に基づき正確かつ詳細に認定している。

第二に、防潮堤以外に建物や機器に板などをつける対策を施す水密化等の多重的防護が必要であることは、海外でも日本国内でも常識だったし、施工例がある、としている。

第三に、非常用電源設備が浸水により機能を喪失する可能性に着目すべきであって、多数意見のいう津波の規模の違いの強調には意味がなく、防潮堤が完成するまでの間、水密化等を講じる必要があった。

前述のように私（海渡）は、この三浦意見はきわめて論理的で、最高裁の調査官と三浦判事との合作だと考えています。最高裁の調査官は、国の機関である推本の見解の信頼性を認めていたと思われるのです。ところが今回の刑事控訴審判決は、最高裁判決の三浦意見はもちろん、多数意見にも反する認定をしてしまったのです。指定弁護士の行った上告には民事と刑事の違いはありますが、最高裁の判例に実質的に違反しているという点を指摘できます。

第6章 貞観津波の佐竹モデルと房総沖のモデルについて

推本の長期評価とは別の津波で貞観津波*（869年）があります。貞観津波は、福島沿岸を含めて広範囲の地域に津波被害をもたらした津波です。この津波について、産業技術総合研究所（以下、産総研）の佐竹健治教授が2008年に提唱したモデルがあり、そのモデルに基づく津波対策をしないということはあり得ないことでした。保安院のバックチェック審査を担当していた専門家である産総研の岡村行信氏自身が、東電に対して、「もう研究している段階ではない、対策を急ぐべきだ」という旨の指摘をしたと東電株主代表訴訟で証言しています。

今回の刑事控訴審判決は、一審では判断されなかった貞観津波について、「関連する科学的知見が劇的に進展している」と認めたにもかかわらず、東電の計算した津波高さは9メートル前後だとして、10メートル盤を超えていないとし、さらに、ここでも、研究課題が残っているとして、知見の成熟性まで否定してしまいました。さらに、この計算は詳細なパラメータースタディを経ない概略計算であり、詳細計算を行えば、10メートルをはるかに超えることとなったことは関係者には明らかなことでしたが、この点も無視されました。

＊貞観地震…平安時代前期の貞観11年（869年）に、宮城県から福島県中部の東方沖の海底を震源とした大規模な津内を伴った巨大地震。地震規模はM 8.3とされることが多いが、2014年にはMw8.6以上という推定も公表されている。

これに対して東電株主代表訴訟判決では、佐竹健治氏らの「石巻・仙台平野における８６９年貞観津波の数値シミュレーション」（２００８年秋には東電は未発表の論文草稿を本人から手渡されている）についても、津波対策を基礎づける科学的知見であり、これに対する対策の検討が必要だったと判断していることとは対照的です。

また、１６７７年に発生した延宝房総沖の津波地震を福島沖に移動させて計算したモデルの津波高さ計算結果（明治三陸沖モデルより2メートル低く、13・6メートルの計算結果）が、２００８年8月には東電設計から得られていました。被告人らが、推本の長期評価について検討を依頼した土木学会において、２０１０年末にはこのモデルで良いとする意見で一致を見ていました。東電役員は土木学会に検討を依頼し、その見解を待っていたわけです。そして延宝房総沖のモデルによる津波への対策を求められたのです。にもかかわらず、今回の刑事控訴審判決はこれも成熟した知見とは認められないとして、対応する津波対策を求めませんでした。その不当性は明らかです。

第7章　津波対策を講ずることは可能だった

1　不確かさがあっても、余裕を見込んで津波対策することは可能

結果回避措置について、今回の刑事控訴審判決は、水密化の対策は他の対策とセットでなければ、事故の結果を避けることはできなかったと判断しましたが、そのような判断には何の根拠も示されていません。また、津波の浸水高さが予測よりも高くなったと指摘もされましたが、**津波の水密化の対策をとるとした場合に、かなりの余裕を見込んで設計がなされたはずであり、水密化の津波対策がとられていれば、それだけで、少なくとも過酷事故の結果は避けられた可能性が高い**と、東電株主代表訴訟判決は判断しています。**これを裏付ける東電の複数の技術者の明快な調書が存在**しており、東電株主代表訴訟判決のほうが正しい認定です。

2　三浦意見も対策は可能だったと述べている

また、最高裁判決の三浦反対意見では、この点について、「本件発電所においては、30年以上にわたり…（中略）…極めて危険な状態で原子炉の稼働を続けてきたことが明らかとなる。これは、それまでの安全性を根底から覆し、それが『神話』であったことを示すものといってよい」と、東電と国が喧伝してきた原発の安全「神話」を痛烈に批判した上で、次のように述べています。「『想定外』という言葉によって、全ての想定がなかったことになるものではない。……**保安院及び東京電力が法令に従って真摯な検討を行っていれば、適切な対応をとることができ、それによって本件事故を回避できた可能性が高い。**本件地震や本件津波の規模等にとらわれて、問題を見失ってはならない。」

まさに三浦意見の白眉ともいうべき部分であり、多数意見に対する「頂門の一針」といえると思います。

第8章　刑事裁判が明らかにしたこと

1　刑事裁判で取り調べられた証拠が東電株主代表訴訟判決や多くの損害賠償請求事件の判決に実っている

今回の刑事裁判では、私たちは、東京地裁でも東京高裁でも無罪という不当判決を受けています。しかし、この刑事裁判で明らかにされた証拠に基づいて、すでに、2022年7月13日の東電株主代表訴訟判決だけでなく、2022年6月17日の最高裁判決についての三浦反対意見が書かれました。刑事裁判の証拠は、住民の提起している損害請求も有力な証拠として活用され、最高裁判決後の2023年3月10日に出された、いわき市民訴訟（住民が国と東電に対して損害賠償を請求）の仙台高裁判決でも、国の国家賠償責任は否定したものの、国の義務違反について、「経済産業大臣が、長期評価により福島県沖を震源とする津波地震が想定され、津波による浸水対策を全く講じていなかった福島第一原発において重大な事故が発生する危険を具体的に予見することができたにもかかわらず、長期評価によって想定される津波による浸水に対する防護措置を講ずることを命ずる技術基準適合命令を発しなかったことは、電気事業法に基づき規制権限を行使すべき義務を違法に怠った重大な義務違反であり、その不作為の責任は重大である」と判断しています（判決28頁）。

さらに、東電の過失責任については、慰謝料算定のための事情として、次のように判断し、明確に認めているのです（判決30頁）。

「被告東電は、平成14年〔２００２年＝引用者注、以下同〕７月の長期評価の公表後、これに基づく津波の試算を速やかに行っていない上、５年以上経過した平成20年〔２００８年〕４月に東電設計から長期評価により想定される津波の試算を受け、敷地の高さを越える津波が福島第一原発を襲う危険性を具体的に認識し、想定される津波による施設の浸水を防ぐ対策を検討したにもかかわらず、平成20年７月には対策を先送りすることを決定し、何ら対策を講ずることなく、平成23年〔２０１１年〕３月11日の本件事故の４日前まで、保安院にも想定される津波の試算を報告することもせず、福島第一原発の稼働を続け、対策を講じていれば相当程度高い可能性をもって防ぐことができたはずの本件事故を発生させたのである。本件事故の際と同程度の津波が到来し、浸水により電源設備が機能を喪失して重大な原発事故が発生することを具体的危険として認識しながら、経営上の判断を優先させ、原発事故を未然に防止すべき原子力発電事業者の責務を自覚せず、周辺住民の生命身体の安全や環境をないがしろにしてきたというほかはないことは、原告らの精神的苦痛の評価にあたって考慮するのが相当である」

最高裁判決後も国と東電の責任について、このような裁判所による厳しい見方は続いていると言えます。

2 東電土木調査グループは２００２年には津波対策回避のために必死に抵抗していた

海渡　話は推本が長期評価の公表をした２００２年に戻ります。先ほども少しお話ししましたが、長期評価を見て驚いた保安院が東電に津波計算をさせようとしたけれど、東電の髙尾誠さんが40分抵抗してその場を逃れたのです。その代わり、推本がなぜそう考えたかを調べて保安院に報告しなさいということになりました。

大河　その時に髙尾さんが長期評価部会の委員である佐竹健治教授にメールで質問し、佐竹教授が回答しました。そのメールも証拠採用されています。

海渡　髙尾さんは、佐竹さんが以前書かれた論文では「三陸沖から房総沖どこでも起きる」とはなっていないけれど、推本はどうしてそう考えたのかと質問しました。佐竹さんの返答のメールには、津波地震のメカニズムは完全に理解されていない。推本の海溝型分科会では反対意見もあったが、４００年間のデータから確率を推計した。私の論文は過去１００年のデータだが長期評価は４００年のデータを考慮した。「どちらが正しいのかと聞かれた場合、よくわからない」、などと書かれていました。なお、１６１１年（慶長三陸）も１６７７年（延宝房総）も、津波地震とすることに明確に反対する意見は海溝型分科会では出ておらず、佐竹氏も１６１１年の震源域が千島沖の可能性があることを指摘したにすぎないので、これらを含む３つの地震を津波地震とみなしたことによって、「（私を含めて反対意見もありましたが）」という部分は不正確な回答です。さらに髙尾さんが保安院へ送ったメールで佐竹氏が「どこででも起きる」ことへの反対意見を述べたと誤った記載をしています。しかし佐竹氏は長期評価の結論に反対していません。二重の誤りです。それで保安院は、佐竹さんが「どこでも起こる」としたことに異論をとなえたものと誤解してしまったんですね。

3　スマトラ島沖津波と耐震バックチェックを契機に津波対策実施に舵を切った東電土木調査グループ

大河　そして先ほどもお話ししました２００６年から耐震バックチェックを行うことになって、確率論でやると言って先延ばすことはもうできないし、２００７年には長期評価を取り入れた津波計算をしましょうということになりました。耐震バックチェックのために長期評価を取り入れた対応が必要だと結論付けた土木調査グループは、その方針について経営陣の了解を得ようとします。それが２００８年2月16日の「御前会議」です。

海渡　「御前」とは天皇のこと。当時社長だった勝俣恒久被告人はまさに東電の天皇。その天皇が出席する会議だから、東電内部でひそかに御前会議と呼ばれていたんですね。

大河　この会議には被告人らが参加し、土木調査グループが準備した資料を基に原子力設備管理部の山下和彦中越沖地震対策センター長が、福島第一原発に7・7m以上の津波が来る可能性を報告しました。

海渡　原子力設備管理部が津波対策を担当していて、そのトップが事故時の福島第一原発所長だった吉田昌郎さん。山下さんはナンバー2、土木調査グループはその下です。この時の津波水位はまだ概略評価であって、7・7mにプラスアルファですと報告しました。これが3月には詳細評価されて15・7mになります。7・7mでも従来の想定を超えているんですよ。

大河　山下センター長は、検察官による取り調べの際にこの日の御前会議について、「津波に関する方針について、勝俣社長や清水副社長から異論が出なかったことから」長期評価を取り入れた対策をするというこの方針が了承されたのだと供述しています。これを東電株主代表訴訟判決はどう認定したかというと、長期評価に基づく津波の概略評価が7・7mでさらに大きくなる可能性があるという中で、福島第一原発の4m盤上の施設である非常用海水ポンプが浸水することを想定した対策工事の検討を行うことについて原子力設備管理部のレベルで方針決定があった。それを勝俣社長ら経営層にこの御前会議で報告し、経営層からは異論がなかったとしています。

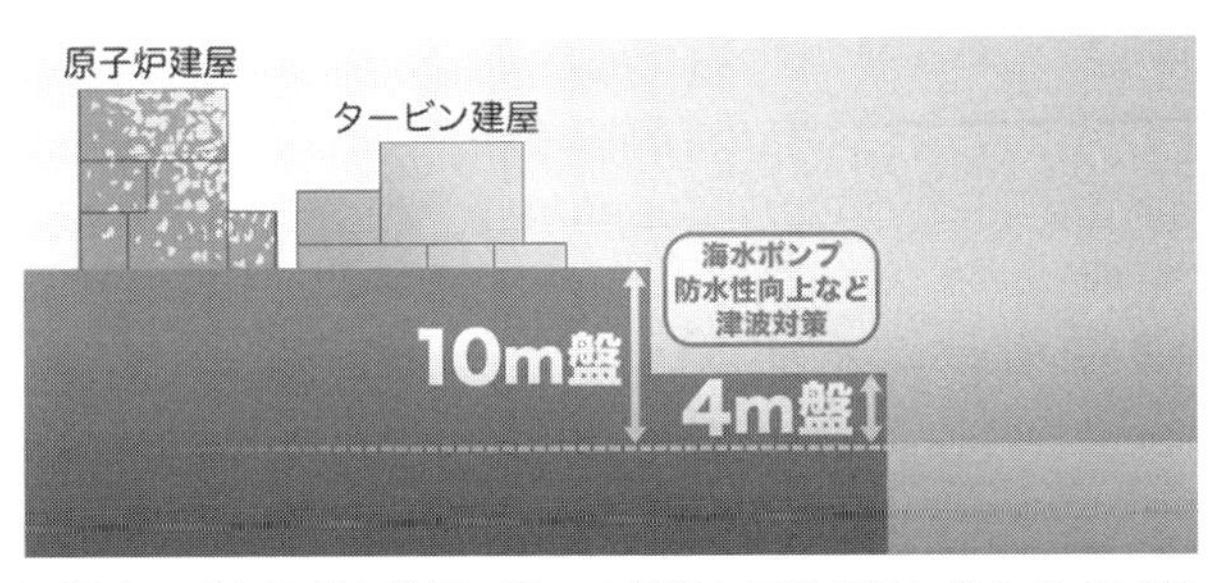

短編映画『東電刑事裁判　動かぬ証拠と原発事故』（10分02秒）

海渡　この時点での対策は10ｍ盤ではなく、もっと低い4ｍ盤での対策のことではあります。しかし、長期評価の見解を取り入れた前提で、津波への確実な対応をしましょうといっているわけです。それに対して刑事裁判一審の判決は、こういうことはなかったと認定しているんですね。少なくともその資料が作られて配られたというところまでは認めてるんだけれども、説明されたということは認めていません。

大河　東電はその作業の中で、他の原子力事業者とも足並みをそろえるために集まって会議を開いていましたが、その議事録が証拠として採用されています。まずは２００７年11月19日の議事録にはどのようなことが書いてあるのですか？

海渡　東電は２００２年に長期評価が公表された直後、津波の検討をしないのかと保安院に問われて「確率論で扱いますから」といってやり過ごしたことがあることは既に述べましたね。この議事録の中でも「（確率論で評価するということは実質評価しないということ）」という注釈があります。つまり指針が改訂されるまではサボタージュしていたんです。ところが、２００６年9月以降に、耐震設計審査指針が改定され、まれな津波にも対応することとされたので、もう長期評価を考慮しないわけにはいかなくなったということです。

大河　２００８年3月25日の議事録には長期評価を「取り入れざるを得ない状況である」とはっきり書かれていますね。ここでも「津波対応については平成14年頃に国からの検討要請があり、結論を引き延ばしてきた経緯もある」と書いてあります。

海渡　これははっきり言って自白調書ですね。これを書いたのは、東電で津波検討を担当した土木調査グループの髙尾さんや金戸俊道さんだと思うけど、彼らは２００７／８年には津波対策を実現させようと頑張った人達でもあります。けれども長期評価が公表された当初は、会社のことを第一に考え、対策をしないで済むよう引き延ばしてきた。そんな彼らも耐震バックチェックの指示を受けて、もう先延ばしはできない、津波対策をやらなければならない、上司に掛け合って対策を決定してもらおうと決意したのです。

4　２００８年6月10日の会議は武藤常務に津波対策のゴーサインをもらうため

大河　そして開かれたのが、２００８年6月10日の、武藤栄被告人に対する説明の会議ですね。その時の会議資料を見ると、「津波ハザード曲線」というものを示しています。金戸さんの刑事裁判での証言によると、10ｍを超えるような津波の発生確率が10万年に1回程度で、地震はその程度の確率を考慮していて、津波で考えている確率もほぼ同じぐらいですよ、というような説明をしています。

海渡　10万年に1回程度の確率には、ちゃんと対応しなければならないと言ってるわけです。10mを超えるような津波は、三陸沖から房総沖の日本海溝沿いで過去400年のうちに3回も起きている。福島沖に限った条件で計算しても530年に1回という確率になるのだから、対応しなければならないのは当然ですね。

大河　「現実的可能性」とは、原発の安全性を確保するためには、どのように考えなければならないのでしょうか。

海渡　**近い将来起きるかどうかではないんです。3年後に起こるか10万年後に起こるか分からないけど、**伊方最高裁判決が国と事業者に求めたように、**万が一にも過酷事故が起こらないようにするためには、このような自然事象には本来「現実的な可能性」があったと判決するべきだった**のです。

大河　今回の刑事控訴審判決は、2008年に東電が計算していた15・7mという津波水位についても、「現実的な可能性」があると認識させるような性質の情報ではないとしています。

海渡　これは最高裁判決の、国の責任を否定した多数意見にすら反していますね。多数意見は長期評価の信頼性については口をつぐんで何も書いていません。信頼性があるともないとも言っていない。しかし、15・7mの津波計算については、「安全性に十分配慮して余裕を持たせ、当時考えられる最悪の事態に対応したものとして、合理性を有する試算であったといえる」と認めているんですね。今回の刑事控訴審判決は、明らかに最高裁の多数意見の認定にも反する判断をしていることになります。

大河　最高裁の多数意見が国の責任を否定した理由は、津波対策をやるとしたら水密化という発想はなく、防潮壁しか思いつかなかったはずだが、それは間に合わなかったし、造ったとしても南側などの一部だけをつくったはずで、東の全面から来る津波は防げなかったなどというものでしたね。

海渡　それもわけの分からない理由ですけどね。しかしそれでも、15・7mの津波には対応しなければならない、これは合理的な計算だと、最高裁の国の責任を否定した多数意見ですら認めているんです。

5　細田裁判長はみずから証人申請や現場検証を却下しておきながら、立証が不十分という矛盾

大河　今回の刑事控訴審では、長期評価には信頼性があるのだということと、水密化などの対策によっても事故を防ぐことができたのだということを明確にするため、指定弁護士は証人の申請をしていました。しかし細田裁判長はこれを却下しました。却下しておきながら、判決

では指定弁護士の立証が不十分だとしたのです。

海渡　これには指定弁護士も怒りをにじませ、判決後の記者会見で指定弁護士たちは、自分たちの証拠申請を却下しておいて証拠が不十分だなんて論理は全く成り立たない、裁判所は審理不尽の違法を犯したのだと強く批判しました。

大河　もし今回の刑事控訴審で、裁判所が証人尋問を採用していたら、どういう証拠が得られたのかを、証人申請された3名のうち控訴審で初めて申請された2名についてみていきます。まずは濵田信生さんです。気象庁の元地震火山部長で、長期評価部会の分科会の委員もされていました。東電株主代表訴訟では証人に採用され、証言をしてくださいました。

長期評価が三陸沖から房総沖の日本海溝沿いのどこでもマグニチュード8・2程度の津波地震が起こりうるとしたことについて、東電側は、日本海溝沿いの南部と北部では海底構造が違うという異論があって、だから長期評価は確立した知見ではなく信頼性がないのだという主張をしました。それに対し濵田さんは、海底構造の違いによって津波が起こるかどうかについては根拠を持った結論が出る状況にはなかったと反論しました。そして、「当時の地震学会を代表するようなメンバーを集めて、議論をして、激しい意見対立がなく、こういう形でまとまった」。「いろいろわからないことはいっぱいあるわけだけども、科学的に純粋に、いろんなことを考えないで、外部の雑音は一切無視して、検討するとこういう結果になりますよということを示したもんだから、当然私はそれは尊重されてしかるべきだというふうに思う」と証言されたのです。

海渡　濵田さんには打ち合わせの時点からいろいろと新しいことを教えて頂きました。金森博雄さんという地震学の世界的権威の方がいて、学会で金森先生が講演するとなると、みんな話を聞きたくて殺到するから他の会場から人がいなくなる、だから同じ時間帯にだれも研究発表したくないという、それほどの権威の方です。その金森先生がスマトラ沖の大地震の後に、「福島あたりはカップリングが固着している。にもかかわらず１４００年間大きな地震がない」「スマトラ地震に匹敵するような地震が起こる可能性はあるし、ゆっくりとここで貯まっている歪みが解放される可能性もある。」「津波地震が発生する可能性もある」と講演されたことを教えて頂きました。

大河　もう一人は、元東芝の原子力技術者である渡辺敦雄さんです。渡辺さんも東電株主代表訴訟で証言をされました。

海渡　渡辺さんは原発の基本設計に深くかかわっていた技術者で、安全設計の基本を含めた原発全体のことをもっともよく知っている技術者の一人です。

大河　渡辺さんは、技術者から見た原発に求める安全性とは、通常運転時や非常時にかかわらず住民や作業員が被ばくをしないことであり、そのためにはメルトダウンを避けなければならない。そのためにどうするかという視点で考えるのだと証言されました。

海渡　**過酷事故が起きる確率は低いが、起きた場合に備えるのが原発の基本思想であるべきで、**

近い将来起きそうだと思っていなくても、起きた場合に備えていなければならない。緊急炉心冷却装置など、一生に一度も使うことはないだろうと思っても、万が一に備えておくものなのだとおっしゃっていました。

大河　結果回避可能性についても証言してくださいました。**水密化による浸水対策は原発事故よりはるか前からある、ごくありふれた技術で、誰でも思いつくことができたと。**そして**事故対策として有効であったし、３・11前に工事を完了する時間的余裕もあったことを証言**して頂きました。

海渡　今回の刑事控訴審でも渡辺さんは証人申請されていたのですよね。東電株主代表訴訟で証言いただいた渡辺さんを証人として呼んでいれば、このような証言が得られたはずなのです。

それと福島第一原発の**現場検証**ですね。これは刑事裁判の一審でも指定弁護士が申請して却下されていたのですが、今回の刑事控訴審でも再度申請されました。細田裁判長はこれも全部却下して、それでいて指定弁護士の「立証不十分」だと言い放ったんです。

大河　東電株主代表訴訟では、現地進行協議という形で裁判官が福島第一原発に行きましたね。どのような様子だったのか、当日参加された海渡先生からご説明をお願いします。

海渡　東電株主代表訴訟で専門家証人尋問が全部終わったところで、朝倉裁判長はこう言ったんです。「たしかに現場の写真も図面もたくさんある。けれども実際にその現場を見て、三次元的に体感したうえで判決を書きたい」。写真や図面は二次元の世界ですよね。だから現場に行きたいといわれたのです。そこで裁判官にどこを見てもらうべきかを考え、水密化すべき箇所に関心を持っていることが尋問内容からわかりましたから、それを中心に見分してもらおうと考えてプランを立てました。

そして実際に行って、まず福島第一原発が高台をすり鉢状に掘り下げたところに建設されているところを見てもらいました。その場所は放射線量が非常に高くて、5分で立ち退いてくださいと言われましたが、原発と海の位置関係、高台を掘り込んで原発が建設されていることなどが印象に残りました。そして水密化をすべき箇所として、大物搬入口とか、ルーバー、建屋の扉などについて、裁判官と一緒にそれをひとつひとつ見て写真を撮るように東電に言うわけです。裁判官は、大きな図面を持ってきていて、ここを見せてくれと指示されていました。「ここの角度からは、指示された箇所は見えません」「その場所までバスでは入れません」などと東電に言われて諦めることもありました。そうしたら原発の奥まで入って、出発点に帰るバスからたまたまその箇所が見えて、裁判官が「バスを止めて、止めて」と言って、振り返って写真を撮らせたりもしました。とても精力的に見て回りましたね。

私たちは多くの犠牲者が出た双葉病院も見てくださいと言ったのですが、一日で回るには時間が足りないということで、それはあきらめたのですが、最後に東電の会議室の中で30分だけ時間をもらって、帰還困難区域となっている現地の状態について、プレゼン資料を用いて説明しました。行き帰りに帰還困難区域の中をバスで移動して、一般の住民は誰もいない様子もわかったわけです。原発の周りの荒廃した状況についても、裁判官はよく理解できたと思います。

大河　この現地進行協議を行ったからこそ、「コミュニティの崩壊」「ひいては我が国そのものの崩壊にもつながりかねない」という判決が書けたのですね。

6　東電刑事裁判は、福島原発事故の深層を明らかにした

このように、今回の刑事控訴審判決は不当なものでしたが、2012年の福島原発告訴団による告訴以来の10年間の東電刑事裁判は、福島原発事故の深層、東電と国の責任を掘り下げるうえで、かけがえのない機会となりました。明らかにされた成果*を挙げておきます。

・東電の土木調査グループが2002年には推本の長期評価について確率論で評価するとして実質的にはネグレクトしたこと。

・しかし、2007年の11月に、これを新知見として対策を講ずる方針に転換し、この方針を東北電力や日本原電にも説明していること。

・2008年2月には勝俣被告人以下の最高幹部のいる席で、長期評価に対応した津波対策を講ずる方針が確認されたこと。

・2008年3月末の耐震バックチェック中間報告の際の県やメディアへの説明でも長期評価に

＊刑事裁判で明らかにされたこと…詳しくは、海渡雄一『東電刑事裁判 福島原発事故の責任を誰がとるのか』（彩流社、2020年）を参照。

基づいて対策を講ずる方針が説明されたこと。

・4メートル盤上の津波対策については工事スケジュールまで検討されたが、津波計算の水位が上がり、対策の費用や地元からの要望で停止のリスクがあることなどにより、対策が先送りされたことを認める原子力部門のナンバー2の山下和彦中越沖地震対策センター長の検察官調書が明らかにされたこと

・2008年6月と7月の武藤栄被告人への報告は現場から役員に津波対策の実施を求めたものであったことが明らかになったこと。

・武藤被告人は部下の訴えを聞き入れず、問題を土木学会の検討に委ねただけでなく、検討期間中、水密化対策など応急対策を講ずることもなく、放置したこと。

・2008年9月に本店の土木調査グループが福島第一原発現地で行った説明では、津波対策は不可避であるとの説明がされていること。

・日本原電では、東電の土木調査グループの示唆により、推本の長期評価の津波に対応する津波対策が実施され、3・11時にもかろうじて過酷事故を食い止めたこと。

7　2008年6月の会議における土木調査グループの説明の趣旨

海渡　長期評価を取り入れた津波対策をめぐる過程で決定的な場面となったのが、2008年6

月10日に土木調査グループが武藤さんへ説明するために開いた会議ですね。このときの武藤被告人の決定についての認定が、今回の刑事控訴審判決と東電株主代表訴訟ではっきり分かれました。

大河　まず２００８年に土木調査グループが15・７ｍの津波計算結果を武藤被告人に示して説明をした会議についてです。今回の刑事控訴審判決は、武藤さんは部下から長期評価には信頼性がないという説明を受けているから10メートル盤を超える津波襲来の「現実的な可能性」があるとは考えられなかったのだ、だから対策を指示しなかったのもやむを得ないのだと言っています。

海渡　この時に信頼性がないと言ったのは酒井俊朗さんという土木調査グループの責任者の方です。東電株主代表訴訟判決はどう認定したかというと、土木調査グループが入念に準備を行い説明資料を用意していたことから見ても、酒井さんが信頼性がないと言ったのは個人的見解に過ぎなく、長期評価の見解や津波計算を否定する趣旨での発言ではないとしたのですね。

大河　土木調査グループは２００８年の6月10日と7月31日の2回にわたり武藤さんに対する説明の会議を行いましたが、その会議の目的について刑事裁判の一審でそれぞれ証言していきす。酒井さんは「長期評価を取り込まざるを得ないことを主眼に説明しようと考えていた、津波対策工の検討に進んでいくシナリオで考えていた」。髙尾さんは「必要な対策についての方針を説明して了解を得ること、これが会議の目的だと思っておりました」。金戸さんは「こういったことをやっていきましょうというようなことを決めてもらえれば、その先の仕事に進める」と証言しています。

海渡　ですから、土木調査グループの3人は一致して津波対策を進めるべきだと考えていたことがわかります。これらの証言を認定して東電株主代表訴訟判決では、長期評価の見解と津波計算を採用し対策工事の検討を行うべきだという土木調査グループの進言を、武藤さんが否定したのだと言い切ったのです。

大河　他方、武藤さんが対策工事の検討に進まず、土木学会での研究を委託したことについて、今回の刑事控訴審は、「この指示が不合理であったとは到底いえない」、「10m盤を超える津波が襲来する現実的な可能性の認識が被告人武藤に発生する契機があったとも認められない」と認定しました。一方、東電株主代表訴訟判決では、「福島第一原発がウェットサイト〔原発が浸水しうる状態＝引用者注〕に陥っている以上、それにもかかわらず、およそ一切の津波対策に着手することもなく放置するというのは、〈中略〉**津波対策の先送りをしたものと評価すべきものであるから、このような被告武藤の本件不作為に係る判断は著しく不合理であって、許されるものではないというべきである**」と認定しています。

海渡　東電株主代表訴訟判決は、土木学会に委託したこと自体を不合理といっているのではありません。委託している間に何も対策を取らないと、原発が浸水しうる状態（ウェットサイト）に陥ったままになるでしょう、だから緊急に水密化だけでもするべきだったでしょう、と言っているわけですね。それに対して今回の刑事控訴審判決は何の答えにもなっていないですよね。この両者の違いがなぜ起きてしまったのか。どちらが正しいかは言うまでもありませんね。

大河　土木調査グループの説明の趣旨は、どういうものだったのでしょうか。

海渡　その点は、重要な点です。東電株主代表訴訟判決では、このように認定されています。酒井さん、副部長ですね、彼は、この会議でたしかに長期評価について、あまり信頼性はないと言ってるんですけれども、これは長期評価の見解と明治三陸試算結果を採用して対策工事を検討するべきだと説明する中で、武藤さんの質問に答える形で、個人的な見解を述べたに過ぎない、いわば傍論とでも評価すべきものであって、土木調査グループが主眼とする説明内容（長期評価の見解を採用し、対策工事の検討を行うべきであるという）を否定する趣旨のものではなかったことは、先ほどお話しした土木調査グループの準備および説明の流れに係わる経緯からも明らかというべきであるとしているのですね。

２００８年６月10日の説明資料（次のページ）については、我々は一マスごとにその趣旨を武藤さんに尋問しています。どういう説明内容だったか、一個一個全部説明を求めているのです。そして、一マスごとに対策が必要になるという根拠づけの内容が書いてあるんですね。東電株主代表訴訟判決は、それを一つ一つていねいに認定した上で、その最後に言った酒井さんの一言は、彼の個人的見解を言っているだけなんだ、だから武藤さんの決定は、部

2008年6月10日、武藤さんとの会議で土木調査グループが説明した資料

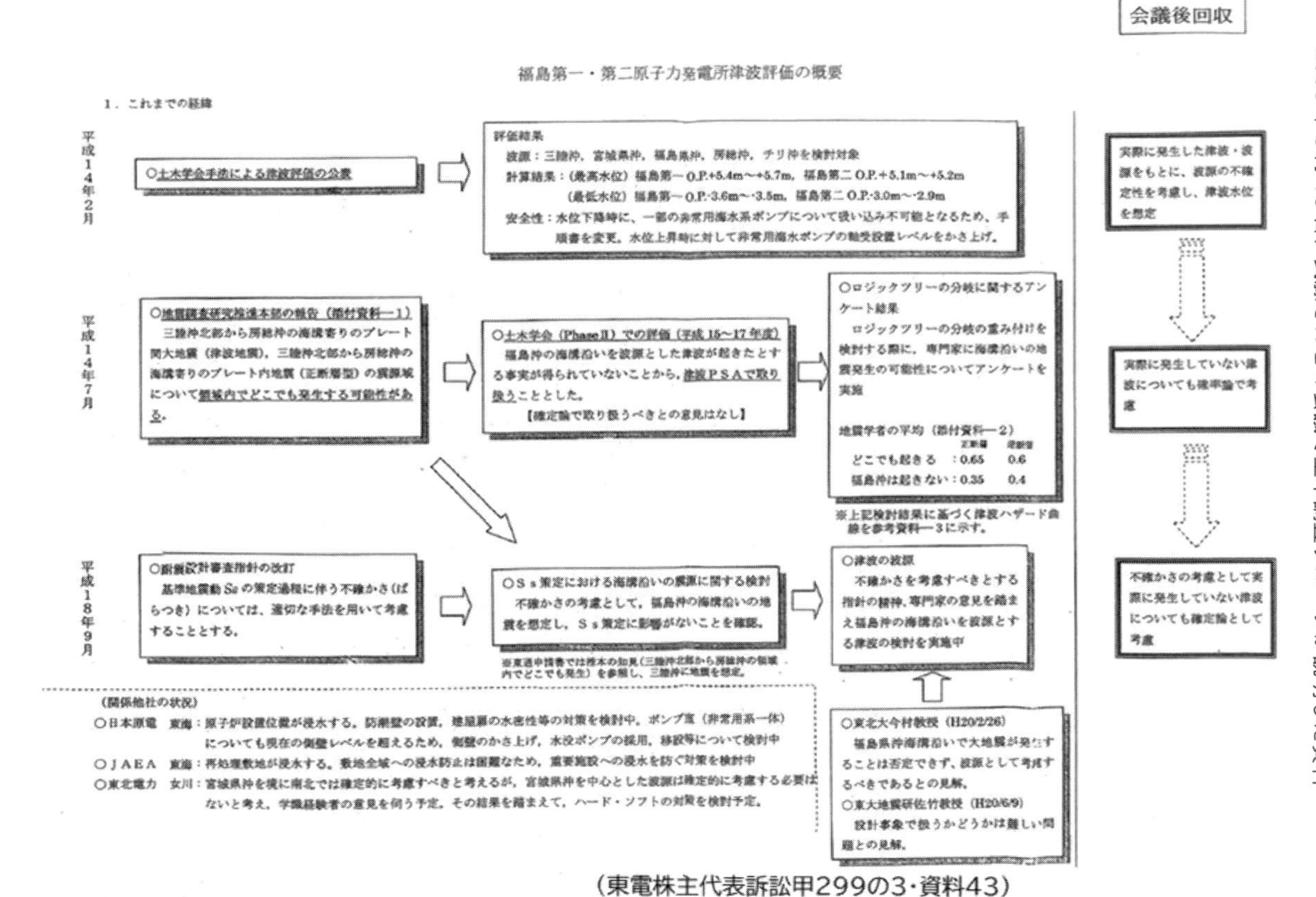

会議後回収

福島第一・第二原子力発電所津波評価の概要

1．これまでの経緯

平成14年2月

○土木学会手法による津波評価の公表

評価結果
波源：三陸沖，宮城県沖，福島県沖，房総沖，チリ沖を検討対象
計算結果：（最高水位）福島第一 O.P.+5.4m〜+5.7m，福島第二 O.P.+5.1m〜+5.2m
（最低水位）福島第一 O.P.-3.6m〜-3.5m，福島第二 O.P.-3.0m〜-2.9m
安全性：水位下降時に、一部の非常用海水系ポンプについて吸い込み不可能となるため、手順書を変更。水位上昇時に対して非常用海水ポンプの軸受設置レベルをかさ上げ。

平成14年7月

○地震調査研究推進本部の報告（添付資料—1）
三陸沖北部から房総沖の海溝寄りのプレート間大地震（津波地震），三陸沖北部から房総沖の海溝寄りのプレート内地震（正断層型）の震源域について領域内でどこでも発生する可能性がある。

○土木学会（Phase II）での評価（平成15〜17年度）
福島沖の海溝沿いを波源とした津波が起きたとする事実が得られていないことから，津波ＰＳＡで取り扱うこととした。
【確定論で取り扱うべきとの意見はなし】

○ロジックツリーの分岐に関するアンケート結果
ロジックツリーの分岐の重み付けを検討する際に，専門家に海溝沿いの地震発生の可能性についてアンケートを実施

地震学者の平均（添付資料—2）

	正断層	逆断層
どこでも起きる	：0.65	0.6
福島沖は起きない	：0.35	0.4

※上記検討結果に基づく津波ハザード曲線を参考資料—3に示す。

平成18年9月

○耐震設計審査指針の改訂
基準地震動Ssの策定過程に伴う不確かさ（ばらつき）については，適切な手法を用いて考慮することとする。

○Ｓｓ策定における海溝沿いの震源に関する検討
不確かさの考慮として，福島沖の海溝沿いの地震を想定し，Ｓｓ策定に影響がないことを確認。
※東通申請書では推本の知見（三陸沖北部から房総沖の領域内でどこでも発生）を参照し，三陸沖に地震を想定。

○津波の波源
不確かさを考慮すべきとする指針の精神，専門家の意見を踏まえ福島沖の海溝沿いを波源とする津波の検討を実施中

○東北大今村教授（H20/2/26）
福島県沖海溝沿いで大地震が発生することは否定できず，波源として考慮するべきであるとの見解。
○東大地震研佐竹教授（H20/6/9）
設計事象で扱うかどうかは難しい問題との見解。

（関係他社の状況）
○日本原電　東海：原子炉設置位置が浸水する。防潮壁の設置，建屋扉の水密性等の対策を検討中。ポンプ室（非常用系一体）についても現在の側壁レベルを超えるため，側壁のかさ上げ，水没ポンプの採用，移設等について検討中
○ＪＡＥＡ　東海：再処理敷地が浸水する。敷地全域への浸水防止は困難なため，重要施設への浸水を防ぐ対策を検討中
○東北電力　女川：宮城県沖を境に南北では確定的に考慮すべきと考えるが，宮城県沖を中心とした波源は確定的に考慮する必要はないと考え，学識経験者の意見を伺う予定。その結果を踏まえて，ハード・ソフトの対策を検討予定。

実際に発生した津波・波源をもとに，波源の不確定性を考慮し，津波水位を想定

実際に発生していない津波についても確率論で考慮

不確かさの考慮として実際に発生していない津波についても確定論として考慮

（東電株主代表訴訟甲299の3・資料43）

下たちの進言を否定したものなんだというところまで、株代判決は言い切っています。

これに対して、今回の刑事控訴審判決が、酒井さんがひとこと個人的見解として述べた、土木調査グループの説明全体の流れと全く違う、上司に迎合したともとれるたった一言を取り上げ、長期評価が信頼できなかったと判断したのは不合理そのものです。

8 会社役員の過失責任を認めた判決例もある

大河　次に、他の経営者の責任に関する裁判では、同じように考えられているのかどうかを見てみたいと思います。
海渡　JR福知山線脱線事故（2005年）ですけど、ものすごく気の毒なケースです。ご遺族の方々がずいぶんがんばって、検察審査会で強制起訴に持ち込んで、でも無罪が確定してしまったんです。この最高裁判決をよく読むと、法令上、鉄道の線路が曲線になっている部分にATSという安全装置を設置することが義務付けられていなかった。それから実際にそのATSを整備することについては、被告人らの所管じゃないので、個別の曲線の危険性についての情報に接する機会は乏しかった。それから、尼崎駅のこの曲線部分が、特に危険だと認識されていた事実もない。実際に曲線箇所が2000カ所あるらしい、それは順次整備されていたということも認定されていて、ここが脱線転覆事故発生の危険性が特に高いということで、認識できたと思えないというふうに言っています。

この点を、我々のやってる東電の事件と比較すると、福島第一原発について津波対策をしてください、しないと大変なことになります、という部下からの要望があるわけです。そのことを進言していたのは、東電の土木調査グループで、その土木調査グループは３人しかいないわけだから、３人全員から、やってくれと言われたのに、やっていなかったというだけのことなのです。武藤さんが、よしわかった、やってくれと言うだけで良かった。君たちの思うように進めてくれと言うだけで良かった。東海第二原発では、同じことが起きていて、髙尾さんから言われて、東電から出向していた安保秀範さんという担当者が対策を上申し、上司の役員がそれでいいといって、短期間のうちに津波対策が一応完了し、津波被災したけれど最悪の事故は避けられた。

もうひとつ、ホテルニュージャパン事件（１９８２年）、これは有罪が確定しています。ホテルの火災ですが、スプリンクラー設置工事未了、防火戸機能不良、パイプシャフトスペースや防火区画の配管貫通部周囲の埋め戻し不完全、感知器の感知障害などがあったんですね。これについて、消防当局から改修、改善が求められていた。毎月のように、改修工事の促進が指導されていた。被告はそのことをちゃんと認識していた。けれども営利の追求を重視するあまり、防火管理に消極的な姿勢に終始して、資金的にもできたのにやらなかった。東電の場合とそっくりですよね。やってくださいといわれているのに、やらない。津波対策工事

＊横井さん
火災事件当時、ホテルニュージャパンの社長だった横井英樹氏は、業務上過失致死傷罪で有罪となった。

をやるといったら、福島の県や住民団体から、対策が完了するまで、止めておけといわれるかもしれない。お金もかかる。だから先延ばししろと幹部たちが言っていたという証拠がいっぱい出てきてるわけです。まさしくニュージャパン事件の横井さん*と同じような事をやったのが今回の3人の被告人ということがいえると思います。

最初の話に戻りますけれども、刑事事件の責任を問うのは難しいんだと、たくさんの識者やマスメディアがしたり顔で語るんですけど、そんなことはないです。この事件は非常に単純な事件で、部下がちゃんと対策してくださいって言ってるのを会社の営利追求のために、そして原子炉が停止してしまうことを恐れて対策しなかった。そして国に対して、ごまかして、そして国と専門家を黙らせるための隠ぺい工作までして、そして事故を起こした。そういう事件だと思います。

第9章　最高裁でどのように闘うのか

大河　それらを踏まえて、これから最高裁での闘いになるんですけれども、その闘い方についてです。先ほどちょっと出てきたと思うのですが、私たちができることとしては、署名や被害者参加人の主張を提出したり、最高裁の調査官との面談等を追求して被害者の想いを伝えていくことになるかなと思います。

海渡　歴史の真実は、東電株主代表訴訟判決の地裁判決と最高裁の三浦反対意見のほうにあります。今回の刑事控訴審判決は歴史の屑箱へと捨てられる運命です。そして、事故の真実を明らかにすることが、日本が脱原発の方向に確実に歩み出す第一歩となると思います。

指定弁護士は、すでに上告を申し立てています。上告趣意書は今年（2023年）9月に提出されます。じつは、昨年6月の最高裁判決の多数意見も、推本の長期評価に基づく津波計算が合理的なものであることを前提としていたことはすでに述べました。今回の刑事控訴審判決は、最高裁判決とも矛盾しているのです。この点は指定弁護士が刑事控訴審判決時に公表したコメントでも指摘されています。また、原発の安全対策を基礎づける自然事象について「現実的な可能性」を求めることは、万が一にも深刻な事故の発生を防止しなければならないとした伊方最高裁判決、極めてまれにではあるが起きる可能性のある津波に対する対策を求めていた2006年の耐震設計審査指針に明確に反しているのです。上告審では、指定弁護士はこれらの点を中心に、今回の刑事控訴審判決の見直しを求めるだろうと思います。何とかして、今回の刑事控訴審を覆していただきたいと思います。

大河　最高裁の中に私たちの味方はいるのでしょうか。

海渡　僕は、原発の訴訟をしてきて、負けたこともあるけど、勝ったこともある。この事件は勝つべきだと思うのです。勝つべき証拠はちゃんと揃えた。裁判官がまともに論理的な考え方ができ、公平なものの見方ができる人であれば、有罪判決は書けると思います。この事件は最高裁第二小法廷に係属しています。そこには三浦裁判官がいます。そして三浦判決を一緒に書いた調査官もいる。他にも三浦判決に賛同する調査官たちもいるはずです。そして、東電株主代表訴訟判決を書いた朝倉裁判長は最高裁の民事課長だった人です。私が日弁連の事務総長だった時には、最高裁と日弁連の民事司法改革のための研究会で2~3ヶ月に1度は必ず会っていた人です。彼は、これからの最高裁をしょって立つような人なんですね。そういう人が、この東電株主代表訴訟の判決を書いてくれた。だから細田裁判長の書いた判決と比べると、判決文を読んだときの文体とか、論理的な緻密さが段違いなのです。

三浦反対意見と朝倉判決（東電株主代表訴訟判決）というのは、関係があると思うんです。両方読んだら、同じような感じがする。そういう考え方をする裁判官が最高裁の中にも必ずいると思います。私たちは、その人たちの心に働きかけて、逆転勝利したいと思います。

《福島からの声》特別寄稿

（「最高裁へ！東電刑事裁判控訴審判決報告集会」より）

裁判は多くの事実を明らかにした。あきらめず最高裁へ！

佐藤和良（福島県いわき市在住。福島原発刑事訴訟支援団団長）

東電刑事裁判は、告訴・告発をしてからすでに11年になろうとしております。この間も多くの仲間が鬼籍に入って、そんな中でもなんとかあきらめずに、がんばろうとここまで来たわけですが、残念ながら、2023年1月18日、細田裁判長はなんと一審判決を維持して、控訴を棄却するという判決を下しました。われわれとしては、とても納得がいかないので、断固として抗議したいと思います。

そして1月20日に、告訴団・支援団連名で検察官役の指定弁護士のみなさまにぜひとも、最高裁に上告してほしいという上申書をお渡ししました。そうしましたところ、1月24日に指定弁護士のみなさまが最高裁に上告してくださいました。まずは、高裁判決が確定せず、闘いの場が最高裁に引き継がれ、ちょっとほっとしたところです。これからが、たいへんな難関に次ぐ難関ではないかと思います。

一審二審ともたいへん不当な判決になったわけですから、これが最高裁で逆転することは、なかなか一筋縄ではいかないのかなと思いますが、その辺りについては後ほど、海渡弁護士、大河弁護士から、二審判決の問題点と上告審にむけて、どのような闘いをしていくのかについてお話

東電刑事裁判控訴審判決報告集会で話す佐藤和良さん

があろうかと思います。みなさんでじっくりとお話をお聞きして、これからの闘いに向かっていきたいと思います。

さて、ご案内の通り、福島原発事故からまもなく12年になろうとしておりますが、いまだに多くの人々が避難をされている、あるいは関連死で多くの方が亡くなっています。さらには、小児甲状腺がんで苦しい、厳しい闘病生活を送られている中で裁判闘争にうってでたという、たいへん勇気ある闘いも始まっています。また、最高裁までいって、確定された民事のほうの避難者訴訟も全国で闘われております。裁判ばかりでなく、さまざまな測定活動であるとか、汚染水の問題であるとか含めまして、多くの活動を被害者、避難者があきらめることなく続けております。

そうした中で、わたしたちの刑事裁判は、あの原発事故を引き起こしたことの刑事責任とどうして大事故が起こったかをつまびらかにして、その責任のあり方をきちんとさせようと始まったわけですが、一審段階で、かなりのことが明らかになって、15・7メートルの津波を予想して、計算されて、東京電力として対応しなければならないさまざまな工事も考えられていた、それがひとつひとつ明らかになっていったのが、一審段階の立証活動だったと思います。それが民事裁判のほうにも、さまざま作用していたのではないかと考えているところです。そういう意味で私たちの闘いが決して無駄ではなく、大きな励みとして多くの人に伝わっていったのではないかと考えているところでございます。

12年たって、いまだに多くの方々が苦しみ、この原発事故に向き合っているわけですから、この闘いをなんとしても勝利させるために、最後まであきらめずに闘っていかなければならないと思っています。様々な論評もされていますけれども、告訴団、支援団はみんなで手をつないで、足を引っ張らないで、がんばってきたこの姿が、ここまで力を保ってきたのだと思っています。これからも心を一つにして、最高裁での闘いを頑張っていきたいと思います。今日はありがとうございます。

裏切られた判決

橋本あき（郡山市在住）

約6年間の東京電力福島原発事故の刑事裁判は、本当に気味の悪い裁判でした。所持品検査は済みなのに、入廷する前にいつも（女性たちは女性の検査員）身体全体を触られ、筆記用具以外は持ち込み禁止、いつだったか安価な3色ボールペンの中身をチェックされたこともあり、カメラ機能や録音を心配していたのでしょうが、あきれる検査がそのほかにもありました。そんなバカらしい異常な入廷前検査は二審でも続きました。

二審でも傍聴券を求めたくさんの方が並びました。クジ運の悪い私は今回も傍聴券を譲って頂き傍聴することができました。今回の判決でも勝俣氏は体調不良で欠席でした。一審と同じく二審でも勝俣氏・武黒氏・武藤氏に罪はない、罰することは何もないという判決となり唖然としました。淡い期待はみごとに裏切られました。私たちの願い「現地を見てから判決を出してください」の声にも、「現地を見なくても判決は書ける」と高飛車な態度でした。三被告人が足並みそろえて「記憶にない」をずっと通してきましたが、三人とも東大出身。東大卒は頭のいい人と思っていましたが、自分の会社の会議内容、しかも自分たちが主役の「御前会議」の中身も忘れるほどの記憶しかないとは信じられないけど、会議中に何を考えていたのでしょうか。自己保身のお勉強を東大で習得したのでしょうか、検証してみたいです。

２０１７年９月、第一回初公判が始まる時の宣誓。良心に従って、真実を述べ、何事も隠さず、偽りを述べないことを誓います。三被告人の一人一人の宣誓をたしかに聴きましたが、彼らには良心がないことがわかりました。これに対して裁判長には追及してほしかったです。

でもまた、５人の指定弁護士によって上告され、この裁判の有罪を勝ち取れる希望を強く持ちました。

東電福島原発事故以来〈東北の鬼〉と化した武藤類子さんと全国と世界中の多くの方々と一緒に勝利を願ってやみません。

裁判長、誰への忖度なんですか？

菅野經芳（つねよし）（川俣町山木屋地区在住）

私たちの山木屋は、計画的避難区域ということで避難させられて、２０１７年の３月31日午前令時を以って避難解除だということで解除された地区です。その中で、避難当時、私たち地区住民は、データでは１２５１人いたと言われ、戸数は３６４戸ありました。現在は、帰っている人たちは、３３１人で、戸数は１６０戸あるということですが、高齢者の集まりとでも言いますか、完全なる限界集落の状態にあり、地区の行事などは、一切成り立っていないのが現状です。

判決を傍聴した感想ですが、細田裁判長に、まず「誰への忖度なんですか？」と質問したいです。どこから出てきた判決理由なのか、私は非常に理解できないのです。要するに、無罪にするための理由付けをした、そんな判決ではないでしょうか。

御前会議が開催されていて、東電の被告人たちが、津波のことがわからないってことはあり得ない。しかし、15・7メートルの津波が来るという情報は信頼性がないという裁判長の判断でした。具体的には、その責任は問えないとか、責任は無いんだと言い、さらに原発を止めるべきだという意見に対しては、原発を止める義務はないというような表現をしたと思います。私は、無罪にするための理由を上手に並べたのだと受け取りました。

今も原発関連死と言われる人たちがいます。私の地区でも、友人の奥さんが焼身自殺をされました。東京電力との民事訴訟で勝ったけれども、その後、ご遺族である長男の人が引きこもり状態でいて、昨年亡くなりました。大変痛ましいことだったと思います。

これから最高裁での闘いに入りますが、裁判は勝たなければ意味はないと思います。避難をして未だに、避難解除になってない地区。ここの人たちは、不安をおっしゃいますね。その人たちの無念さをなんとか私たちの中で、解決に導いていけたら。それが私たちの責任であり、義務だと思います。

一審の時は傍聴に入れてもらい、今回も傍聴席に入れてもらったこと、本当にありがたく思っております。

さらにこれから、皆さんと一緒に闘っていきたいと思いますので、よろしくお願いします。

「成熟したものとはいえない」「後知恵」…印象操作にあきれた

五十嵐和典（西会津町在住）

東京地裁判決に続き東京高裁判決も、法廷で直接聞く機会を与えてもらいました。そのことに感謝して、いくつか思ったことなどを報告したいと思います。

判決前の集会で海渡弁護士は、高裁が自判で有罪判決を出せなくても、審理不充分で地裁に差し戻すこともありえると言いました。その言葉に一縷の望みを託して法廷に入ったのですが、その期待は瞬時に砕かれてしまいました。

棄却理由を長々と述べる裁判長を見ていると、果たしてこの人は誰なんだろうと考えてしまいました。黒い法衣をまとっているけれど、ひょっとしたら東電の法務担当の外部社員ではないかとさえ思えてきて、仕方がありませんでした。

長期評価に対しては、電力事業に直接関わる事業主を納得させることが出来ない知見は成熟したものとはいえないと言いました。科学的な知見の成熟度合いを電力会社の判断に委ねるというのですから、全く転倒した考え方ではないかと思います。当時、最高水準の専門家による研究成果が津波の危険があると警告を発しても、電力会社が納得しないのだから対策を講じなくても仕方がない、というのですから呆れてしまいます。

また、原子力事業者にとって運転そのものを停止する措置は重い選択で、それに応じた予見可能性・予見義務もそれなりに高いものが要求されると言いました。原発を止めるにはそれなりの理由が必要だというのですが、それは順番が逆ではないかと思います。原発事故が起きれば甚大な被害をもたらすのが明らかなのだから、運転するに当たっては万が一にも事故が起きないような安全対策を講じなければならないと、まず言うべきではないでしょうか。それを怠っていながら、止めなければならない時に現実的な危険性がなかったと言うのは本末転倒だろうと思います。

津波対策に対して「後知恵」という言葉を使ったのには驚きました。長期評価に基づいて対策を講じた原発もあり、東海第二原発のように建屋の水密化を施行したところもあるというのにです。それは指定弁護士をおとしめ、裁判自体を印象操作しようとする下卑た言葉ではないかと思います。非常に腹が立ちました。

そして指定弁護士があげた控訴理由のひとつひとつに対して、執拗に「立証されてない」と繰り返しました。裁判所の言葉は、どちらかというと「可能性が無いとは言えない」とか婉曲な言い回しが多いというイメージがありましたが、高裁の裁判長は「立証されてない」と何度も断定的に繰り返しました。その一方的な物言いは、元総理の菅義偉が官房長官の時に多用した「その指摘は全く当たらない」という言葉に重なって聞えたものです。指定弁護士がどれほど積み上げた証拠に対しても、「立証しきれてない」という一言で簡単に否定してしまうのですから、何とも都合のいい言葉だと思いました。

高裁で棄却されたことを受け、やっぱり裁判で勝てるはずがないと冷ややかな眼で見ている人もいるかと思います。しかしそういう捉え方は、何ら対策を講じなかった東電に対して、たとえ対策を講じても津波被害を防げなかったと言って東電を免罪した一審判決と同じではないかと思います。この裁判を闘っているからこそ明らかになったことも多いし、見えてくる光景があったということを忘れてはならないと思います。

判決翌日の新聞報道にも、気になる記事がありました。検察審査会の結果に基づく強制起訴による裁判で有罪が確定するのは難しいと書き、その理由を、検察は確実に有罪を見込める事件に絞って起訴するからというのです。有罪が確実な案件のみ起訴と、あたかも決まったフレーズのように安易に書くことは、多くの現実を覆い隠してしまうように思えてなりません。まず有罪率99・9%の下でえん罪が多発している現実を無視し、伊藤詩織さん（性暴力被害に遭ったジャーナリスト）の時のように権力に忖度して起訴を見送る検察の実態を見えなくします。そして何より、この東電刑事裁判に有罪判決が出なかったことを正当化し、起訴しなかった検察を遠まわしに擁護しているように思えて仕方がありませんでした。

最後に、樹村みのりが描いた漫画のなかのセリフを紹介します。一昨年（2021年）、岩波現代文庫から出た『彼らの犯罪』の中に収録されている「明日（あした）の希望」という作品です。そこではやっと脱原発が実現しそうなときの日常生活を描いているのですが、最後のセリフは次にように書かれています。「為政者はなんでも二度経験しないとわからないのかしら。原爆も二度落とされてやっと敗戦。サリンも二度撒かれて、やっと強制捜査。原発事故も二度起きてから、やっと皆眼が覚めたのだから……」。

私たちの目の前にある裁判は、この日本で原発事故がもう一度起きないための、起こさないための、負けるわけにはいかない闘いです。諦めるわけにはいきません。

裁判所はこれでいいのか、私たちの社会はこれでいいのか

武藤類子（福島県三春町在住・福島原発告訴団長）

皆さま、今日はお寒い中をお出で下さり、ありがとうございました。

私は、1月18日の判決の日を思うと、ずっと悔しさが甦る毎日でした。

あの日、東京高裁前には寒風の中を、福島から、避難先から、そして全国から支援に皆さんが約200人程集まって下さいました。

2019年9月の東京地裁永渕裁判長の「全員無罪」判決から3年半、福島原発刑事訴訟支援団・告訴団は控訴審への期待を込めて、署名集めやランチタイムスタンディング、集会などさまざまに、できる限りの活動をしてきました。

しかし、東京高裁は指定弁護士の申請や私たちの望みであった、現場検証や新たな証人尋問、最高裁や東電株主訴訟の証拠採用と弁論再開をことごとく却下しました。

それでも公正な判決を心から願い、望みを捨てることなく迎えた判決の日でしたが、再び法廷で「被告人は全員無罪」の判決を聞かなければなりませんでした。

細田裁判長は1時間半にも渡って判決理由を読み上げましたが、その中では「しかし」と言う言葉が幾度も繰り返され、その度にこちらの主張は否定されていきました。

この日の法廷は、昨年7月13日の東京地裁東電株主代表訴訟判決の法廷とはあまりにも対照的でした。東電側の代理人以外全員が起立して拍手で裁判官を送った光景と、皆が怒りを顔に滲ませ「恥を知れ」と怒号が響く光景は、同じ証拠を採用し、同じ東電元経営陣を裁いたとはとても思えないものでした。

私は、途中からメモを取るのもうんざりとしてふと顔をあげると、傍聴人は皆がっかりし、あきれ果てている様子が見て取れました。双葉病院の避難途中に亡くなられた患者のご遺族をはじめとする、原発事故の被害者の誰もが納得できる判決ではなかったと思います。東京高裁細田裁判長は、原発事故の被害の実相や双葉病院の避難の過酷さをどこまで理解しているのか、原発の

東電刑事裁判控訴審判決報告集会で話す武藤類子さん

安全性をどこまで重大なものとして捉えているのか疑問に思えたし、かつて例のない原発事故の責任を問う、歴史的な裁判を行っているという気概も誇りも感じることができませんでした。裁判所はこれでいいのか。私たちの社会はこんな社会でいいのかと、心底悲しくなりました。

東電刑事裁判控訴審の判決は、あまりに憤懣やるかたないものでしたが、今日、海渡弁護士、大河弁護士のとても分かりやすい解説を伺い、最高裁に向けて、これから私たちが社会に広めるべき観点をしっかりとつかむことができたように思います。とても心が落ち着き、前に進んで行けそうな気持になりました。

先日、判決の前にある町の街頭で刑事裁判のチラシを配っているときに、女子高校生から声をかけられました。その子は勇気をふり絞るようにこう言いました。

「どうしていつまでもこんなことをしているの？もっと夢や希望のある前向きのことをしたほうがいいのでは？こんなことをしているからいつまでも福島は汚染されているって見られる。事故の責任は東電にだけあるの？」

それで、私は迷いながらこう答えました「みんなが無関心でいる中で声をかけてくれてありがとう。あなたに夢や希望のあることをぜひしてほしいから、私たちの世代はこの事故の後始末をしなくてならないの。原発事故の責任は私にもあると思うから、最も責任のある人に責任を取ってもらって二度と悲劇が起きないようにしていくことが私の責任の取り方なんだよ」と答えました。どこまで伝わったかは分かりませんが、今、高校生に向けてもたくさんの放射線の安全教育や、政府が主催するフォーラムや原発見学などが行われている中で、彼女はとても事故への関心も高く、いろいろと考えている人なのだと思います。そういう子が、政府の一方的な言説を伝えられ、その宣伝の一端を担わされていることにも問題を感じました。わずか4、5分の邂逅でしたが、ちょっとでもこの刑事裁判の意味が分かってもらえたらいいなと思いました。

皆さん、少しでも良い社会を、未来の世代に手渡すことができるように、そして、最高裁の弁論がぜひとも開かれるように、また明日から、でき得ることをやって行きましょう。

「あきれ果てても、諦めない」を合言葉に頑張りましょう。


（閉会の言葉より）

第2部

福島原発事故を忘れるな

第1章

福島原発事故から、我々は何を教訓化しなければならないのか

1　まず、大切なことは広範な被害の確認である

まず、我々は何を忘れてはならないのかを確認しておきます。

第1に、原発技術は巨大な危険性を内包しており、ひとたび重大事故が起きれば、膨大な放射性物資が環境中に放出され、市民の生命健康に被害を与えるだけでなく、広範な地域の放射性物質による深刻な汚染をもたらし、放出の規模によっては国の崩壊すら招きかねない。この点は、第1部の第2章において詳述しました。

2　原子力規制の政府からの独立の重要性

第二に、原子力規制を厳格に実施するという新しい規制制度は、福島原発事故の反省の最重要

ポイントです。政府事故調は、原子力安全規制機関の在り方について、「独立性と透明性の確保」を特に重要な課題として指摘しています（政府事故調中間報告500ページ以下）。

「原子力安全規制機関は、原子力安全関連の意思決定を実効的に独立して行うことができ、意思決定に不当な影響を及ぼす可能性のある組織から機能面で分離されていなければならない。これは、ＩＡＥＡの基本安全原則も強調するところである。（中略）原子力安全規制機関について原子力利用の推進機能からの独立性を高めることは、安全規制機関が十分な機能を発揮し国民の信頼を回復する上で極めて重要であると当委員会も考える。

これと同時に、新たな安全規制機関を実効性のある規制機関とするためには、政府内の位置付けを変えるだけでは不十分である。すなわち、新たな安全規制機関に対し、原子力安全に関与する組織として自律的に機能できるために必要な権限・財源と人員を付与すると同時に、国民に対する原子力安全についての説明責任を持たせることが必要である。」としています。

次の原発事故を未然に防ぐためには、原発に厳しい安全性を求め、基準に適合しない原発にはレッドカードを出せる、真に政府から独立した規制機関が必要なのです。ところが、現在進行している岸田政権の原子力推進策は、この基本を完全に否定し、原子力規制を3・11以前に引き戻そうとするものです。私たちは、次なる重大事故を招き寄せる、岸田原発推進政策を認めることはできません。

3　他に安全で合理的な発電方法があれば、脱原発を選択すべき

原子力は、あくまでエネルギーをもたらすだけの技術であり、これを核兵器として利用することは原子力基本法によって禁止されています。原発技術は巨大な危険性を内包しているのですから、それを厳しく規制して安全性を確保できる技術が確立されているとしても、他の発電技術があり、それが経済的にも合理的なものであれば、脱原発こそが当然の政策選択となるべきです。この当然のことを確認したのが、２０１１年原発事故直後におけるドイツのメルケル首相の下で、脱原発方針を改めて確実なものとした倫理委員会の判断でした。そして、２０２３年春には、ドイツは完全な脱原発を実現しています。ドイツで実現できたことが事故の当事国である日本で実現できなかったことは残念でなりません。

お隣の台湾でも、着実に脱原発の政策が進められています。２０２２年3月國聖原発2号機が永久閉鎖されました。40年の運転期間を満了したためです。台湾では蔡英文政権の下で立法院が２０１７年1月、「非核家園（原子力発電のないふるさと）」を２０２５年までに実現するという方針を電気事業法改正案に盛り込んで可決しました。２０１８年11月の公民投票により「２０２５年まで」という期限は条文から削除されましたが、非核家園を目指す方針は維持されています。建設中だった龍門原発も、馬政権の下で建設が凍結され、國聖2号機の閉鎖により台湾で稼働可能な商業炉は馬鞍山原子力発電所の2基（ＰＷＲ、各約１００万kW）のみとなっています。

第2章　福島原発事故に学んだ脱原発の国民合意を一握りの政治家と役人だけで覆した岸田政権

1　民主党政権のもとで、野党の自民党・公明党も合意して決められた緩やかな脱原発政策

　原発に対する経済的な優遇策を止めれば、自由経済の中で原子力への投資は減っていき、脱原発が実現すると説く人もいます。しかし、日本のように政官財学マスコミの堅固な「原子力ムラ」が国の支配構造を牛耳っている国では、経済の論理だけで、脱原発を進めることは困難です。脱原発を進めるには何らかの公的な意思決定が必要なのです。

　原発事故の約1年半後２０１２年9月14日、民主党政権は、２０３０年までの脱原発実現を骨子とする脱原発法案が超党派の国会議員によって国会に提案されている状況のもとで、「２０３０年代に原発稼働ゼロを可能とする」との目標を掲げた「革新的エネルギー・環境戦略」を決定し、①原発運転を40年に制限②新増設せず③安全確認を得た原発のみ再稼働―の3原則を明記する閣

議決定をしました。経済産業省を含めて、すべての省庁がこの方針に合意して、この方針が決定されたのです。安倍政権と菅政権は、少なくとも表向きには、この政策を引き継いできました。ですから、岸田政権の新原子力政策は、福島原発事故被害の教訓を忘却し、原子力政策を根底から転換しようとするものであるといえます。この時期に、東京高裁が福島原発事故を完全に忘れたような判決を下したのは、不吉な暗合と言えます。

2　国民・国会不在で決められたGX実行会議の新原子力政策

２０２２年12月８日の原子力小委員会で示された「今後の原子力政策の方向性と実現性に向けた行動指針（案）」（以下、「行動指針」）は、12月16日の総合資源エネルギー調査会基本政策分科会で了承され、これを受け、12月22日の第５回ＧＸ実行会議で方針が採択されました。そして、この政策を実現するためにＧＸ束ね法案が２０２３年通常国会に提出され、同法案は５月31日に成立しました。

岸田政権が進めている政策は、⑴原発再稼働の加速、⑵原発の運転期間の延長、⑶「次世代革新炉」の開発・建設の３点に集約されます。原発の運転期間延長と「次世代革新炉」の開発・建設は、民主党政権はもとより、安倍政権、菅政権においても示されなかった前のめりの原発推進方針であるといえます。原子力政策は３・11前に先祖返りしつつあるのです。

また、この内容は、２０２１年10月に閣議決定したばかりの「第6次エネルギー基本計画」にも記載が無いもので、自公政権において「原発依存度を出来る限り低減する」としてきた歴代の政府方針を完全に覆したものです。岸田政権は、福島原発事故後、緩やかではあるが、原発利用をやめようとしてきた、段階的な脱原子力政策を福島原発事故以前に戻そうとしているのです。

3　原子力基本法の異常な改正

ほとんど報道もされていませんが、今回の法改正には「原子力基本法」の大改正がビルトインされていました。法改正は、目的として「この法律は、原子力の研究、開発及び利用（以下「原子力利用」という。）を推進することによって、将来におけるエネルギー資源を確保し、並びに学術の進歩、産業の振興及び地球温暖化の防止を図り、もって人類社会の福祉と国民生活の水準向上とに寄与することを目的とすること。」と定めています。基本方針においては、「エネルギーとしての原子力利用は、国及び原子力事業者が安全神話に陥り、平成23年3月11日に発生した東北地方太平洋沖地震に伴う東京電力株式会社福島第一原子力発電所の事故を防止することができなかったことを真摯に反省した上で、原子力事故の発生を常に想定し、その防止に最善かつ最大の努力をしなければならないという認識に立って、これを行うものとする」（第二条第三項）としています。しかし、これはど人を愚弄した反省はないでしょう。改正案は、「国の責務」として、「原子力発電を電源の選択肢の一つとして活用することによる電気の安定供給の確保、我が国における脱炭素社会の実現に向けた発電事業における非化石エネルギー源の利用の促進及びエネルギーの供給に係る自律性の向上に資することができるよう、必要な措置を講ずる責務」がある（第二条の二第一項関係）と定めています。つまり、この改正法においては国による原子力産業への支援が、徹底的に書き込まれているのです。「再エネ特措法」にも、このような定めはありませんでした。「原子力」だけを特別扱いしているのです。本来、原子力事業者が自らの責任で実施すべき内容を、国が肩代わりし、斜陽の原子力事業者を過度に保護しようとしています。日本国民が原発と心中するしかないような原子力基本法の改正は原発事故の教訓を踏みにじり、将来に禍根を残すものです。

4　政府が規制委員会と地元自治体を置き去りに再稼働を進めることは許されない

まず、政府は、柏崎刈羽6・7号機、東海第二原発等を、2024年夏・冬までに再稼働するとしています。しかし、東京電力は、柏崎刈羽原発におけるIDカード不正使用と核物質防護設備の機能喪失に関し、原子力規制委員会から処分を受けています。

また東海第二原発は、水戸地裁での差止訴訟判決で、避難計画や防災対策に不備があるとされ、日本原電が敗訴し東京高裁で審理がなされている段階です。多くの周辺自治体が避難計画の策定は困難としている状況が続いています。このように稼働の前提条件に問題を抱え、立地地域でも大きな反対の声がある原発の再稼働を、政府が一方的に決定して実行するようなやり方を許してはなりません。

「次世代革新炉」であれ何であれ、原発の新増設についてはGX実行会議が開催されるまで政府自身によって否定されてきた方針であることを確認する必要があります。また、建設中の原発を除いて、原子力発電所の新規建設、建て替え計画を各電力会社は持っていません。これは、原発のコストが高いため自由な電力市場の中で生き残ることができないためです。

5　ロシアとウクライナの戦争は原発への攻撃の危険性を明らかにした

岸田政権は、ロシアのウクライナ侵攻で生じた化石燃料価格高騰や、自然災害・厳気象による電力需給ひっ迫に対して、原発推進が解決策となると主張しています。しかし、見当はずれです。まず、電力需給ひっ迫は、原発とは無関係に起きていることです。2022年3月、6月に発生した国内の電力需給ひっ迫は、前者は地震と厳寒、後者は猛暑によって発生した事象であり、いずれも原発とは無関係です。通常、3月、6月は、比較的需給が緩んでいるため、発電所のメンテナンスや点検が行われてきました。仮に原発が稼働していたとしても、同様の事象が起きたと推測されるのです。このような緊急時の電力需要ひっ迫に対しては、デマンドレスポンスなどの需要対策を充実させることによって回避するべきですし、それは可能です。むしろ、ウクライナで、チェルノブイリ原発やサポリージャ原発が軍事的な攻撃の対象とされたことを忘れてはなりません。安全保障を問題とするのであれば、日本列島に位置する原発群は、通常ミサイルを撃ち込まれただけで、核攻撃を受けたのと同レベルの被害を及ぼすものであることを、岸田政権は全く考慮していません。脱原発の方針を進めることを、安全保障政策の出発点とするべきなのです。

第3章 再稼働を進めるために原子力規制委員会を骨抜きにしようとしている

1　老朽原発の延命が図られる――GX束ね法案の問題点

岸田政権は、既設原発を設計寿命を超えて延命させようとしています。そのために、原子炉等規制法やその他法律を改正し、**原子炉の運転期間（法定運転期間）を経済産業大臣の判断で延長できるようにしました。**

福島原発事故後の原子炉等規制法の改正（２０１２年）は、当時野党であった自民党、公明党が法案策定に加わり、議員立法で成立したものです。当時の国会審議にあるように、原発の運転期間を40年（例外的に1回に限り最長20年の延長ができる）と定めたのは、老朽原子炉の安全性に疑問があり、原発の安全確保を目的としたものです。

ところで、岸田政権が２０２３年2月28日に閣議決定し、5月31日に成立したこの法律は、「GX脱炭素電源法」あるいは単に「GX電源法」と呼ばれている束ね法案*でしたが、法律の正式名

＊**束ね法案**…電気事業法、原子炉等規制法、使用済燃料の再処理等の実施に関する法律、再エネ特措法、原子力基本法の５つの法律の改正を、一つの法律の中で一括して改正した法律案として閣議決定され、審議されていた。

称は「脱炭素社会の実現に向けた電気供給体制の確立を図るための電気事業法等の一部を改正する法律」と呼びます。果たして、どれだけの人が、この名称から原発の60年超の運転が可能となることや、運転期間延長の規制権限を経済産業省へ移す、という福島原発事故の最大の教訓の一つである「規制と推進の分離」の解消（福島事故前への逆戻り）となることが想像できるでしょうか。ごまかしに近い印象操作とも批判されかねない名称といえます。

2　原則40年、例外20年の運転制限が設けられた際の国会答弁

福島原発事故前には運転期間について制限はありませんでした。それを２０１２年に原子炉の運転を原則40年、例外として1回に限り最長20年の延長を認める原子炉等規制法の改正がされた際の国会での答弁では、明らかに原発の運転は40年に制限し、例外的に延長する場合には、厳格にチェックする、ということが想定されていました。当時の野田佳彦・内閣総理大臣は、次のように答弁しています。

「一般的に、設備、機器等は、使用年数の経過に従って、経年劣化等によりその安全上のリスクが増大する。発電用原子炉について運転期間に制限を設けるに当たっては、原子炉設置許可の審査において、重要な設備、機器等について中性子照射脆化等の設計上の評価を運転開始後四十年間使用されることを想定して行っていることが多いことを考慮し、原則として四十年としたもの

である。」

また、田中俊一・原子力規制委員会委員長も、次のように述べていました。

「事業者には安全規制や指針に基づく要件の実施を厳格に求め、要件が達成できない場合には原子力発電所の運転は認めないこととすべきと思います。

例えば、四十年運転制限制です。四十年運転制限制は、古い原子力発電所の安全性を確保するために必要な制度だと思います。法律の趣旨を考えても、四十年を超えた原発は、厳格にチェックし、要件を満たさなければ運転させないという姿勢で臨むべきです。」と述べていました。

また、今回の改正前（GX電源法による改正前）の運転期間を40年間とし例外的に最長20年の延長を認める制度は、当時の内閣府の資料によれば、経年劣化による不確実性の大きいリスクを低減するために設けられた規定であり、運転停止期間中の劣化をも考慮して一律に使用前検査の合格日からの期間とされていました。この「運転停止期間中の劣化をも考慮して一律に」というのは、運転中だけでなく、停止中であっても劣化することから、安全性を第一に考えたものといえます。まさに、先の国会答弁にもあるように、今回の改正前の法律は、福島原発事故を踏まえて、原発の安全性を高めるために導入された安全基準といえるのです。

3　原子力規制の政府からの独立が侵されようとしている

国会答弁でも述べられていたように、法定運転期間は安全性に関する規制であり、原子力規制を担当する原子力規制委員会のもとで科学的、技術的観点から安全性を最優先に、厳密に運用されなければなりません。停止期間を運転延長期間に上乗せしたり、法定運転期間延長の判断を経済産業大臣が行うことは、制度が設けられた趣旨に反しています。**原子力規制を政府から独立させ、規制と推進を分離することは、福島原発事故後の原子力規制の基本**だったはずです。

岸田政権の進める老朽原発の延命をはじめとする政策の大転換は、原発の危険性を増すだけでなく、政府から独立した原子力規制を骨抜きにし、原子力規制のあり方を3・11前に引き戻すものです。この光景は、私たちが3・11前に見ていたものと同じ光景です。次なる重大事故をもたらす要因となりうるものといえ、断じて許すことはできません。

4　経産大臣が運転期間延長の判断をすることの問題

今回成立したGX電源法では、**40年を超える運転期間の延長に関する規制を、原子力規制委員会の所管する原子炉等規制法から削除し、経済産業省が所管する電気事業法へと変更する内容**を含みます。そして、40年を超えて運転しようとする際には、経済産業大臣の認可を受ける必要があるとしています。認可を誰がするのかという点の変更も重要な変更といえますが、同じくらい大きな問題として、運転延長の判断要素に、「脱炭素社会の実現」や「電気の安定供給を確保すること」に資すると認められること、という点が盛り込まれていることです。**これは、安全面とは関係のない、非常に恣意的な判断が可能となる判断要素**といえます。また、後述する、新たな制度（10年毎の「長期施設管理計画」）の申請に対して、「不許可の処分がされていないこと」も経産大臣による運転延長を認可する際の要件となっていますが、「許可の処分」がされていることが要件とされていないことにも注意が必要です。

つまり、今回の法律改正により、20年の運転延長を認めるかどうかの判断は、まず、「脱炭素社会の実現」や「電気の安定供給を確保」という観点から20年あるいはそれ以上の運転延長ができるという枠が先に決められ、その後に、原子力規制委員会の判断する新たな制度（10年毎の「長期施設管理計画」）による審査が行われることになります。もっとも、政府は、この新たな制度によって「高経年化した原子炉に対する規制の厳格化」をするとしていますが、厳格化されるかどうかは、大いに疑問です。

今回の法律改正では、脱炭素社会の実現や電気の安定供給という国民の共感を得やすい多くの理由を持ち出して、原発の長期運転を正当化しようとしています。しかし、それはまやかしに過ぎません。温暖化対策や安定供給も重要な問題ではありますが、原発の危険性を許容する理由にはなりません。原発は発電の道具に過ぎず、有望な再エネ（太陽光発電、風力発電等）という代替手段があるのです。原発が存在する限り、福島原発事故のようなリスクを無くすことはできません。私たちは、二度とあのような事故を起こしてはならないのであり、原発の運転と、脱炭素社会の実現や電気の安定供給ということを天秤にかけることは本来はできないはずです。それにもかかわらず、それらを天秤にかけるような法律改正を強行したところに、欺瞞に満ちたGX電源法の根本的な問題点を指摘できるといえます。

5 新たな10年ごとの審査制度「長期施設管理計画」は、従来の制度と変わらない可能性が高い

今回のGX電源法では、「高経年化した原子炉に対する規制の厳格化」として、原子炉等規制法を改正し、①運転開始から30年を超えて運転しようとする場合、10年以内ごとに、設備の劣化に関する技術的評価を行うこと、②その結果に基づき長期施設管理計画を作成し、原子力規制委員会の認可を受けることを新たに義務付けることになっています(「長期施設管理計画」制度の新設)。これをみて、安全性にもしっかりと配慮されているのだ、と思われるかもしれません。

しかし、これまでも、運転開始日から30年以内に「高経年化技術評価」を行い、その結果に基づき長期保守管理方針を策定することが、保安規定認可の申請内容に含まれてきました。この制度は、30年以降も、10年以内ごとに高経年化技術評価をし、長期保守管理方針を策定することに

なっています。

今回のＧＸ電源法では、新たに「長期施設管理計画」という制度を導入するとしていますが、従来からある「高経年化技術評価」と「長期施設管理計画」制度の違いについては十分説明されていません。結局は、肝心かなめの劣化状況（安全性）の評価方法は、これまでと変わらないのではないかと考えられます。厳格化という政府の説明に、具体的な中身の説明はありません。仮に従来の制度と「長期施設管理計画」の内容が変わらないのであれば、国民を欺くものと言わざるを得ません。

6　80年以上たってもまだ運転をする原発も出てくる可能性が！

ＧＸ電源法では、これまで認められなかった60年を超える原子炉の運転を認めるという、重要な改正がなされました。最長60年という制度は、経年劣化による不確実性の大きいリスクを低減するための規定であり、運転停止期間中の劣化をも考慮して一律に使用前検査の合格日からの期間とされていました。なぜなら、原発は運転していなくても劣化し続けるからです。では、ＧＸ電源法のもとでは、60年を超えて、一体どれくらいの期間、原発は運転し続けることができるようになるのでしょうか？　ＧＸ電源法では、運転期間については、原則40年、例外20年の延長という枠組み自体は維持しつつ、この延長期間に加えることができる期間を認めることで、60年を超える運転ができるような制度となっています。問題は、どのような場合に、運転延長期間に含めることができるかです。

GX電源法による改正後の電気事業法においては、40年を超えて運転期間を延長するための申請書の記載事項として、延長しようとする運転期間を記載します。そして、20年を超える場合には、審査基準等の制定や改正、解釈や運用の基準の変更に対応するために停止した期間、行政指導に従って停止した期間、裁判による仮処分命令を受けて停止し、その後それが取り消されるなどして運転を停止する必要がなかった期間、その他事業者が事業の遂行上予見しがたい事由に対応するために停止した期間、等を合算した期間を加えることができるとされています。

福島原発事故後、多くの原発が運転を停止し、その後できた新規制基準に対応するための審査を受けていましたが、その期間を20年を超える運転期間とすることができます。また、２０１６年３月９日に大津地裁が出した、運転中であった高浜3号機および4号機の運転停止を認めた仮処分命令がありましたが、その後２０１７年３月28日に大阪高裁が仮処分決定等を取り消していますので、その間に停止した期間も20年を超える期間に含めることができることになるのです。

いつからが対象となるのか、については、「平成23年3月11日以降の期間」が対象になります。

そうすると、例えば、美浜原発3号機（１９７６年12月に運転開始）は、２０２１年６月に約10年ぶりに再稼動したので、その期間を新規制基準に対応するための期間であると考えれば、40年を超えて、さらに20年＋10年近くの運転が認められることになり、少なくと70年を経ても運転し続けることになるのです。

さらには、変更点として、これまで、「1回に限り」延長が認められていたものが、運転延長の再延長を認める規定も盛り込まれています。そのため、美浜3号機を例にすれば、最初の延長期間である30年を超えて、さらに長期にわたり運転を継続することが可能であり、運転開始から70年どころではなく、延長を繰り返し、80年を経てもまだ運転し続ける余地があるのです。

7　老朽化に伴うリスクは廃炉でしか回避できない

福島原発事故後に原発の運転期間に上限を設定したのは、福島原発事故という壮絶な事故を経験して、安全性を最優先に考えてのものでした。原発には多種多様な安全規制がありますが、それでも長期運転に伴う老朽化という問題に対しては、個別の規制や対策で対応することは困難であるため、そもそも運転はさせない、という趣旨で上限を設けたはずでした。その理由は、「経年劣化による不確実性の大きいリスクを低減するため」でした。通常の原発にはない老朽化にともなう、さらなる予測できないリスクをなくすためには、老朽原発を早期に廃炉にすること以外にはありません。

今後、私たちは、今までの原発では考慮する必要のなかった老朽化による、さらなる「不確実性の大きいリスク」に、新たに晒されることになるのです。

第4章　老朽原発を廃炉にすべき理由

1　原発の寿命を定めることの意味

原発は本質的に危険をともなう技術であり、40年の法定運転期間を取り払うことは、原発の危険性を高めることにつながります。原発の40年運転ルールに「科学的な根拠がない」とする言説は、技術の現実を無視した議論です。もともと原発は設計寿命を30年ないし40年として建設された技術です。福島原発事故後に40年以上の運転を原則として認めないとしたことは、原発設計の技術の現実をふまえた上で、福島原発事故の反省に立ち、原発依存を低下させるという政策判断を法制化したものであり、脱原発を志向する世論にも整合したものでした。

政府及び原子力規制委員会は、運転開始から30年を超えて運転しようとする原発について、新たに10年ごとに行う技術的評価で原発の健全性を検証し、安全性を確認する方針としています（前述の長期施設管理計画）。しかしながら、原発の老朽化の検証には、他の産業設備とは比較にならない本質的な困難があります。原子炉圧力容器などは交換による更新が不可能であり、放射線量

＊老朽原発の技術的問題点に関する記述…名古屋地裁に提訴した高浜原発１号機及び２号機、美浜原発３号機の運転期間延長認可等取消訴訟（老朽原発 40 年廃炉名古屋訴訟）における原告の主張をもとにしている。

の高い部位は作業員が直接検証することもできず、様々な仮定や計算によって将来の健全性を予測しているに過ぎないのです。その上、その将来の健全性の予測法自体も問題が指摘されています。また、確認すべき対象箇所は膨大であり、検査技術も不十分です。そのため、10年ごとの検証をしたからといって老朽原発の安全性が確認できるとは到底考えられません。海外で原発の運転延長を認めている事例があるとしても、地震や津波などの自然災害の条件が他国に比べても厳しい日本の原発に、海外での長期運転の事例をあてはめるのは極めて危険です。

2　避けられない老朽化

ここで皆さんには、原発がどれほど過酷な環境下で運転をしているのか、想像をしていただければと思います。

原発は、核分裂連鎖反応という膨大なエネルギーを放出する反応を利用しています。この反応を制御しつつ、継続的に起こさせることによって熱エネルギーを発生させ、その熱エネルギーを受け取った水を蒸気に変え、発電用のタービンを回転させる仕組みとなっています。加圧水型原子炉（ＰＷＲ）では、原子炉内を加圧することで原子炉の冷却材（一次冷却材）である水を沸騰させることなく高温（約３２０度）、高圧（約１５７気圧）の熱水状態で維持しています。なお、１５０気圧というのは直径４メートルの原子炉容器を想定すると、内面1平方メートル当たり1500トンの力がかかるほどの物凄い圧力です。このような高温・高圧の熱水（一次冷却水）から、蒸気発生器を介して別の系統の水（二次冷却水）を加熱して蒸気に変えます。このように、PWRでは原子炉容器及び一次冷却材系統を中心に、極めて過酷な環境（高温度・高圧力）で運転しているのです。

高温高圧下での熱水や蒸気が循環する運転環境においては、配管や機器等には多種多様な振動が発生したり、加熱冷却を繰り返すことによる熱による影響等に常にさらされています。

このような過酷な環境下で運転することに加え、原発は主要な機器の交換等が行えないことや、修繕を行うべき場所が多岐に及ぶことなどから、故障の発生頻度は「バスタブ曲線」という傾向があるといわれています。これは、建設後の運転初期では、初期故障が多発し、その後故障の少ない安定した運転時期が続きますが、一定年数を経た晩期には、また徐々に故障頻度が増加していく傾向があるとの指摘です（筒井哲郎「古い原発はなぜ危険か」5〜6頁）。実際に、東海第二原発ではこの「バスタブ曲線」のような故障やトラブルの発生頻度が報告されており、**その他の原発でも、稼働年数が進むにつれて多数の事故が発生しているとの指摘があります**（上澤千尋「老朽化すすむ原発」原発老朽化問題研究会『老朽化する原発――技術を問う』原子力資料情報室、2005年）。

3　老朽原発の抱える様々な問題

老朽原発の抱える問題として、まず指摘できるのは、取り換えることのできないものがあるということです。例えば、原子炉圧力容器は、常に核燃料から放出される中性子を浴びて劣化していきます。しかしながら、取り換えることはできないことから、老朽化の最も重要な問題といえます。他にも、原発内に張り巡らされているケーブルの長さは、１０００～２０００㎞という途方もない距離に及びますが、全てを取り換えることは不可能であり、電気ケーブルの被覆材の劣化対策が大きな問題となっています。

また、40年を超える老朽原発は、40年以上前の設計技術によるもので（運転期間の延長が認められた高浜原発1号機は運転開始は１９７４年、同2号機は１９７５年、美浜3号機は１９７６年なので、設計は50年以上前のものといえる）、そもそも設計自体が旧く、当時の材質、製造技術など科学技術のレベル自体が低いという問題があり、製造時には明らかでなかった欠陥などが見つかることがあります。**実際、福島原発事故においても、配電盤等の配置設計の旧さが大きな原因となりました。**

さらには、原発の施設は、開放点検ができない部分が多く、**日頃の検査上の問題や容易に構造物の交換や修繕ができず、経年劣化の管理が著しく難しいという特質**があります。

これらに加え、原発全体を統括的に管理を行う人材が必須であるのに、数十年という期間の経過により知識を有する人材が去り、**ヒューマンエラーのリスクも常につきまといます。**

老朽化したものは使用しないことは安全を重視する施設などでは、ごく当たり前のことです。私たちの身の回りで、40年、60年以上も前の製造物や機器はどれほど残っているでしょうか。

4　中性子照射脆化による材料の劣化

老朽原発の安全上の最重要というべき問題は、原子炉圧力容器の中性子照射脆化（ぜいか）による材料の劣化です。これは、取り換えることのできない原子炉圧力容器自体の鋼材が核燃料から放出される中性子により脆化して（もろくなり）、炉心を緊急冷却しなければならない際に、**急激に冷やされた圧力容器が損傷して、最悪の場合には原子炉が破裂して放射性物質が環境中に大量放出されるおそれがある**という問題です。このような圧力容器の破壊は、加圧熱衝撃といわれており、原子炉内部が高温高圧の運転状態において、事故発生時などに、緊急に炉心を冷却しなければならない状況において冷却水が炉内に注入され原子炉圧力容器が急激に冷やされ、原子炉圧力容器の内側と外側に温度差が発生し、圧力容器の鋼材内面に強い力（引張応力）が加わる現象をいいます。

通常、圧力容器の材料である金属は、延性（粘り強い性質）があります。金属は、性質上、ある一定温度以下になると、延性が失われ硬くなり、脆い性質（ガラスのようなイメージ）に変化します。製造時（中性子を浴びる前）には、十分低い温度で脆化するのですが（マイナス20℃程度）、中性子を浴び続けると、その脆化する温度が徐々に高くなり（これを「中性子照射脆化」といい、脆化する温度のことを脆性遷移温度といいます）、室温で脆化が起きるほど進行する場合があります。

中性子照射脆化の進行度合いは、圧力容器内に設置されている監視試験片を定期的に取り出して測定をします。その測定結果によれば、すでに40年を超える運転期間延長が認可されている高浜原発1号機（運転開始1974年）が最も脆化が進行しており、2009年に取り出した監視試験片によるデータでは、脆性遷移温度は99℃にまで上昇しています。その他にも廃炉となっていない原発では、高浜4号機（59℃、運転開始1985年、試験（取出し）時期2010年）、美浜3号機（57℃、運転開始1976年、試験（取出し）時期2011年）が、脆化が進んでいます＊。

脆化する温度が上昇したことの意味は、加圧熱衝撃が生じる際に、脆性遷移温度が十分低ければ問題はないが、その温度が、冷却のために注入した水の温度に近い場合は、圧力容器の表面温度が脆化領域に達し、圧力容器内表面のひび割れの存在と相俟って、加圧熱衝撃に耐えられず、圧力容器が損傷し、内部の放射性物質が放出されるという重大事態に至るおそれがあるのです。

現在名古屋地裁では、高浜原発1号機、2号機、及び美浜原発3号機について、運転期間延長認可等の取消しを求める行政裁判が継続していますが、この中性子照射脆化の問題は、主要争点の一つとなっています。

この中性子照射脆化については、原子力規制委員会による運転期間延長を判断する審査において、将来（60年時点）の脆化度合いを予測する予測式を用いて、圧力容器の健全性を判断してい

＊小岩昌宏・井野博満著『原発はどのように壊れるか―金属の基本から考える』原子力資料情報室、2018年、127ページ。

るのですが、その予測式にはさまざまな不備があり、実際には、予測式による計算よりも脆化が進行するとの指摘がされ、健全性が保てない可能性を指摘しています*。

5　旧式であることの危険性

老朽原発の問題には、運転開始時から長期間が経過していることに伴う経年劣化の問題とは別に、そもそも型が旧い（ふるい）という根本的な問題があります。設計の旧さ、材料の旧さ、施工・技術の旧さという点が指摘されています。

まず、設計の旧さについては、イメージし易いと思います。例えば、建屋や機器の配置をどのようにするかという設計上の問題は、火災防護や溢水対策などから複数設ける（多重化する）ことが対策の基本となりますが、一つの要因で、複数ある設備や機器の安全性が同時に失われないようにするために物理的に独立性を確保することが重要になります。ところが、独立した系統の設備が同じ室内に設置されている場合には、火災等の発生時に、同時に影響を受けてしまい、独立させている意味が失われてしまいます。旧い設計では、このような問題が残っていたりすることがあります。福島原発事故では、1号機の電源盤の配置が独立して配置されずに同じ室内に設置されていたことで、津波の影響により同時に機能喪失したことが長時間の全電源喪失をもたらす原因となってしまいました。原発内に張り巡らされている電気ケーブルの敷設などは、問題が

＊中性子照射脆化に関する詳しい説明は、先ほどの書籍『原発はどのように壊れるか―金属の基本から考える』、また、名古屋地裁における裁判において提出した専門家意見書をベースにした書籍『原発の老朽化はこのように―圧力容器の中性子照射脆化を中心に』（原発老朽化問題研究会著、原子力資料情報室、2023 年）を参照のこと。

あったとしても変更自体が難しい場合があります。

材料の旧さについては、ある種の鋼材に関しては、中性子照射脆化が進み易いということが1970年代半ばに知られるようになったものがありました。1980年代半ば以降に運転を開始した原発では対策がとられたのですが、それ以前の原発（例えば高浜原発1号機）の圧力容器で使用された鋼材は影響を受けやすいと指摘されています。他にも、かつて使われていた炭素含有量の多いステンレス鋼では、応力腐食割れという劣化が生じる問題が発覚するなど、運転開始後に問題が明らかとなり、その後対策がとられたという事例等が多数報告されています。

施工・技術の旧さについては、例えば、溶接技術に関して手動溶接で行われていた時期のものについては、自動溶接機で行う場合と比べ品質にばらつきがある等、劣っている点が指摘されています。

以上のように、旧式の原発であることは、様々な旧さの影響が問題となるのであり、その影響には、事故発生時の安全確保を困難にするということだけではなく、旧いことが原因でトラブル発生のリスクが増大するといえます。老朽原発は、通常の原発にもまして危険なのです。

6　劣化を管理することの困難さ

原発差止裁判では、住民側から老朽化の危険性を主張した場合、電力会社側は、機器や配管等の劣化管理はしっかりできており、そのような指摘は当たらない、と反論をしてきます。しかしそのような反論は、電力会社側の劣化管理において、漏れなく劣化個所の検査が行われ、かつ検査において機器や配管の損耗等をしっかりと把握できることが前提になります。

　検査対象箇所については、膨大な数の機器や配管を全て検査することはほぼ不可能といえます。また、検査技術については、これまでも配管の減肉（げんにく）（使用による配管の厚みの減少）、材料内部や表面の亀裂・欠陥を見落とした事例は多数報告されています。美浜原発３号機では、２００４年に、二次冷却系の復水系配管が突然破裂し、高温高圧の蒸気が噴出するという事故を起こしました。この事故では作業員５名が死亡し、６名が重軽傷を負うという重大な結果を引き起こしています。この事故は、復水配管という部位に減肉が進行していたのですが、関西電力は、破損個所の肉厚測定を全くしておらず、減肉の事実を全く把握していませんでした。また、２００２年８月に発覚した東京電力のひび割れ隠し事件では、配管のひび割れ調査において、超音波探傷試験（超音波検査）の信頼性の低さが発端となったものでした。その後も超音波検査の不確かさの実情はそれほど変わっていないといわれています。

　電気ケーブルに関する問題も様々ありますが、経年劣化にともなう絶縁低下の問題*は、事故時の計器類に誤作動や精度などに影響を及ぼす可能性があり、深刻な問題の一つといえます。

　原発の劣化管理の本質的な問題は、どこがどう劣化するかを予想できないことにあります。自動車のように、同一設計の機械が多数生産され、類似の条件で運転されている実績がある製品に

＊絶縁低下の問題…電気ケーブルは、電気を通す導体の周りをゴムのような絶縁体で被覆されている。その絶縁体の機能は時間の経過とともに低下する。絶縁体が劣化し抵抗値が低下すれば、事故時に機器の状態把握や制御ができないという事態になりかねない。

おいては、事故・故障のデータが統計的に把握できます。しかし、原発は、基本的には一つ一つ新しく設計され、個別性があり、数も少ないことから、故障や不具合を統計的に集計・分析して活用することに馴染まず、どの部位に集中的な劣化が発生するのか予測は困難です。したがって、定期検査で緻密に検知する以外は有効な方法がありません。ところが、原発の内部点検には、一般産業プラントにない原発固有の、開放点検ができない、品質検査の限界がある、装置の破壊に至らない傷は補修しないなどの困難な問題があるのです。

また、原発に張り巡らされている配管や振動が生じるような場所においては、様々な要因により経年劣化し、減肉や亀裂が生じることは否定できない事実です。さらには、経年劣化が問題となる（GX電源法による改正前の）運転期間延長の審査においては、例えば、原子炉容器表面に亀裂があることなどが審査の前提とされています。つまり、40年経過した原発には、亀裂や欠陥があることを原子力委規制委員会も当然の前提としているのです。

7　良識ある科学者・専門家による警鐘

以上、老朽原発の様々な問題点の概要を説明してきましたが、老朽原発の危険性については、良識のある学者や研究者、元原発技術者などの専門家が、これまでも科学的事実にもとづき問題点を指摘してきました。前に掲げた書籍の執筆の中心である小岩昌宏氏や井野博満氏らは、専門家の立場から、原子力規制庁等に対して、様々な問題の指摘をされてきましたが、規制側は、問題を先送りにするなど、安全性を第一に考えているのかどうか、本当に科学的な事実に基づく規制を行う意思があるのかその姿勢には疑問があります。

原発事故は起きてからでは取り返しのつかないものです。何度でも繰り返しますが、老朽化した原発は、通常の原発に比べて、さらに不確実性の高いリスクを抱えています。この積み重なったリスクをなくすためには、老朽原発については早期に廃炉にする以外、方法はないといえるでしょう。

第5章 革新炉（高速炉）の日米共同開発を許してはならない もんじゅの失敗を忘れてはならない

1 もんじゅはよみがえるか？ 次世代革新炉は高速炉!?

岸田政権は、原発の再稼働をすすめ、原発の寿命制限の規定を撤廃するなど、原子力政策の先祖返りが著しくなっています。アメリカと日本は、高速炉を「次世代革新炉」と位置づけ、官民挙げて開発協力を進めています。

２０２３年7月には、日本政府が２０４０年代に運転開始を目指す高速炉革新炉について、三菱重工が中核企業として選定されました。事故から12年目にあたる２０２３年3月11日に、猿田佐世弁護士が代表を務める新外交イニシアティブとジョージ・ワシントン大学エリオット国際関係大学院の共催で、オンラインシンポジウム「日米の高速炉開発協力を問う」が開催されました。ここで、その内容を紹介します。

高速炉／高速増殖炉は１９５０年代から実用化が目指されてきました。しかしコスト高騰と安全性の問題に加え、核拡散を助長する恐れがあることから、アメリカは１９９０年代に原型炉の建設を取り止めました。日本も２０１６年、トラブル続きの原型炉「もんじゅ」を断念しています。そして、一時期日本政府はフランス政府の進めていたアストリッド計画に出資して高速炉開発の命脈をつなごうとしてきました。しかし、２０１９年8月29日、仏原子力・代替エネルギー庁（ＣＥＡ）が高速原型炉アストリッド（ＡＳＴＲＩＤ）の開発放棄を公表しました。このように、日本の高速炉開発計画は消滅寸前だったわけですが、アメリカ政府は数年前からにわかに高速炉開発に力を入れ始めています。

アメリカ政府の動きと呼応して、米マイクロソフト創業者のビル・ゲイツ氏が会長を務める原子力ベンチャーのテラパワーと電力会社パシフィコープは、米ワイオミング州にナトリウム冷却型の次世代原子炉第1号「ナトリウム」を建設するとの計画を公表しました。

そして、日本政府は、すでに破綻しているプルトニウムを増殖して利用を維持するという核燃料サイクル政策を正当化し、これもトラブル続きの六ヶ所再処理工場*の計画を断念することなく、運転開始に躍起になっていますが、このような政策の一環として、アメリカの高速炉計画に参画し、両政府は、高速炉を含む「革新炉」の輸出でも協力するとしています。

はたして高速炉は近い将来、商業的に成立する見込みはあるのでしょうか。次で説明する「もんじゅ」の失敗から、私たちは何を学ぶべきなのでしょうか。高速炉は核廃棄物や気候変動の解決策として有効といえるのか、そして核拡散にはつながらないのでしょうか。このような疑問に

＊六ヶ所再処理工場…青森県六ヶ所村に建設中の日本原燃（株）の再処理工場が 1997 年に完成の予定だったが、未だに完成していない。総事業費は 14 兆円ともいわれる。原子力規制委員会は、2020 年、新基準に基づいて設置許可を行ったが、施設内の点検の方法や高レベル廃液タンクの冷却の一時中断など、トラブルが続いている。

答えて、まず、プリンストン大学のフランク・フォン・ヒッペル氏が「ナトリウム冷却高速中性子炉とプルトニウム分離を推進する米エネルギー省の新たな――しかし――不毛な試み：日本の原子力研究・開発コミュニティーはなぜ参加したがるのか」と題した発表を行いました。このような動きの背景に、どのような勢力のどのような思惑があるのかについて、技術的な安全性が危ぶまれ、到底経済的な合理性も成り立たない計画に、政府が前のめりになっていることに、疑問を呈しました。

さらに、カナダのブリティッシュコロンビア大学、そしてＮＲＣ（米原子力規制委員会）の委員長を務めたアリソン・マクファーレン氏からの発表では、「核廃棄物及び気候変動対策における高速炉の役割」と題して、高速炉の開発を進めることは核廃棄物対策としても、処分困難な廃棄物をあらたに産み出すだけであり、気候変動対策としても、リードタイムが長すぎ、短期的にも政策ゴールを達成することは困難であることが示されました。

グリーン・アクションのアイリーン・美緒子・スミス氏からは、「六ヶ所再処理工場の現状と高速炉開発との関係」と題して、日本が余剰プルトニウムを保持し再処理計画の命脈を保つために、このような無謀な高速炉計画への参画が強行されているのではないかと報告がなされました。

2　もんじゅとは

私は、「もんじゅの失敗」と題して、このようなナトリウム冷却原発が、どんな技術的困難性をはらむのかについて、私の担当したもんじゅ訴訟の経過を紹介しながら具体的に論じました。高木仁三郎氏から福井でもんじゅと闘っていた小木曽美和子さんを紹介され、もんじゅについての訴訟の依頼を受けたのは1984年、私が28歳のときのことでした。弁護団の事務局長になっていただいた福武公子弁護士*は、東京大学の理学部物理学科を卒業し、一時はもんじゅの設計の仕事もされていた変わり種の弁護士でした。青二才の私の依頼に、一緒にやろうと答えてくださったのが、昨日のことのようです。以来、2016年のもんじゅの廃炉決定に至るまで、32年間にわたって弁護士としてこのプロジェクトに関わってきました。

日本の原子力開発は、最初から、核燃料サイクル路線であり、プルトニウムを増殖させる高速増殖炉はその中核に位置付けられていました。福井県敦賀市白木の浜に立てられたもんじゅ原子炉は、発電機能を持つ高速増殖炉の原型炉でした。

3　もんじゅの危険性の根源

「もんじゅの危険性」は高速中性子を使用することと、プルトニウム燃料を使用すること、水や

＊福武公子弁護士
原発損害賠償千葉訴訟の弁護団長を務められました。2023年4月24日に亡くなられました。ご冥福を祈ります。

空気と触れると激しく反応する液体ナトリウムを冷却材として使用することに由来しています。炉心にはプルトニウムを18％も含んだ燃料を詰め込んでおり、軽水炉の場合と異なって制御しにくく、出力暴走事故を起こしやすいという炉心特性を持っています。

ナトリウムは熱しやすく冷めやすいので、熱応力による衝撃破壊を避けるために、配管の肉厚は薄くしなければならず、配管は天井からつりさげられているため、地震には脆弱な構造となっています。

ナトリウムが空気中に漏えいすると激しく燃焼し、また、コンクリートと接触すると、コンクリートに含有される水と激しく反応し建物は崩壊してしまう危険性があります。

蒸気発生器では、ナトリウムと水の間で熱交換します。伝熱管が破断すると高圧の水がナトリウム中に噴出して反応し、他の細管を次々に破断する事故が起こりやすいのです。もんじゅは設計基準事故としては、伝熱管一本の破断によって4本が破断するという事故を想定しています。私は訴状を書くときに、この設計基準事故は過小評価であると直感し、そのように書きました。

また、冷却材が喪失したときのための緊急炉心冷却装置がなく、外部から水を掛けることもできません。そもそも軽水炉のような緊急炉心冷却装置などの事故対策が立てられないのです。

4　もんじゅ訴訟の苦闘

１９８３年に、動燃事業団にもんじゅ設置許可が出されました。それを受けて、１９８５年に原告団が民事差止訴訟と行政処分無効確認訴訟を併合提起しました。１９８６年4月、チェルノブイリ原発事故直後に開かれた第1回口頭弁論で、磯辺甚三原告団長が「科学よ驕るなかれ」と意見陳述しました。１９８７年2月、福井地裁が行政訴訟のみを結審し、同年12月、行政訴訟について原告適格なしとして訴えを却下しました。１９８９年7月には、名古屋高裁金沢支部で原告の一部（原子炉から20㎞以内）に原告適格を認めました。１９９２年9月には、最高裁は原告全員に原告適格ありと判断し、行政事件は福井地裁に差し戻され、民事訴訟と併行審理されることになります。このように、最終的に名古屋高裁金沢支部で勝訴した行政訴訟は提訴直後に門前払いされ、最高裁で住民の原告適格が認められるまでに9年間を要したことになります。

5　１９９５年もんじゅナトリウム火災事故

事件が振出しに戻って福井地裁で行政訴訟と民事訴訟が併行審理が再開された3年後、１９９5年12月8日にナトリウム火災事故が起きます。二次冷却系で、配管からナトリウムが漏えいする事故が発生したのです。この事故の直接的な原因は温度計の設計ミスで、配管に差し込まれていた配管が折れたためでした。ところが、事故現場のグレーチングや床ライナが損傷していることが報じられました。ナトリウムの温度は約５００度で、仮に漏れても鋼鉄は溶解しないはずなので、私は不思議に思いました。

事故の翌月１９９６年1月に緊急に実施された裁判所の検証で我々は損傷を発見し、このことを指摘しました。この床ライナは漏えいしたナトリウムがコンクリートと接触することを防止するために設置されていたものです。

この写真は裁判所が実施した検証時に発見された床ライナの損傷です。ここは、ブルーシートによって隠されていました。原告弁護団の強い抗議によって、裁判所が動燃の立会人に命じ、シートがはがされ鋼鉄製のライナの激しい損傷が確認されたのです。損傷箇所を指示しているのは、福武公子弁護士です。

この床ライナの損傷を再現し、その原因を確かめるために１９９６年6月、動燃による燃焼実験が実施されました。私たちは立ち会いを求め

ましたが、立ち会う代わりに、そのビデオを裁判所を通じて入手できました。

このビデオを再生すると、ずっとナトリウムが白い霧のように立ち込めていたのですが、その霧が晴れると、漏えい部直下近傍の床ライナには、大小5箇所の貫通孔（最大のものは28センチメートル×22センチメートル）が確認されたのです。ナトリウム化合物が鋼鉄を腐食し、融点以下で穴があいたのです。そしてナトリウムがコンクリートと直接接触し、ナトリウムとコンクリートに含まれている水分とが激しく反応し、いわゆるナトリウム・コンクリート反応が始まり、水素が発生して爆発的に燃焼しているところがビデオに撮影されていたのです。衝撃的な映像でした。

6 元原子力安全委員会委員長が「今なら許可は下りない」と証言したが地裁で敗訴

1998年10月21日、佐藤一男原子力安全委員長が原告側の申請証人として証言しました。その中で、現在の知見を踏まえればもんじゅについて「今なら許可は下りない」と述べました。

しかし、このような決定的な証言がなされたにもかかわらず、2000年3月24日、私たちは福井地裁では、行政訴訟と民事訴訟の双方について原告の請求を棄却する敗訴判決を受けました。

7　2003年原子力訴訟初の完全勝訴判決

2003年1月27日、行政訴訟について名古屋高裁金沢支部（川崎和夫裁判長、源孝治、榊原信次）による、もんじゅの許可処分の無効を確認する住民側全面勝訴判決を勝ち取ることができました（判例時報1818号）。提訴後17年目にして勝ち取った完全な勝訴判決でした。判決直後の会見の写真で、マイクをもって話しているのは久米三四郎氏です。その右が私、その隣が福武公子弁護士、その隣が原発反対福井県民会議の事務局長の小木曽美和子さんです。

もんじゅ訴訟の差戻し後の控訴審判決は、原子力訴訟においてはじめて原告の主張を正面から認めた判決でした。高裁判決が認めた差し止め理由は3点ありました。

一つ目は、これまで述べてきたナトリウムと鉄の溶融塩型腐食の見落としです。許可処分時の解析において、床ライナの溶融塩型腐食は考慮されていませんでした。このような腐食は化学の教科書にも書かれている初歩的な反応でしたが、動燃の設計では完全に見落とされており、安全審査における調査審議の過程での明確な欠落があったのです。伊方最高裁判決の基準に従えば、明らかに違法です。

「炉心崩壊事故」に対応するための「基本設計」についても、「放射性物質の放散が適切に抑制される」と判断した原子力安全委員会の安全審査の過程には、「看過し難い、過誤、欠落」がありました。「炉心崩壊事故」に関し、動燃は、発生するエネルギーの数値が高い解析結果は記載せず、

高速増殖炉「もんじゅ」の原子炉設置許可は無効との判決後、記者会見する元大阪大講師の久米三四郎さん（左）（石川・金沢市の読売会館）　写真提供：時事

その数値が低く、原子炉の安全性が維持されることが明らかな解析結果のみを記載した申請書を作成していたのです。

このポイントについて、勝訴判決の根拠となったのは動燃の炉心崩壊事故秘密報告書です。この動燃の秘密報告書には９９２ＭＪ（メガジュール）というシミュレーション計算値が掲載されていましたが、安全審査は、動燃が３８０ＭＪを上限ケースとする解析結果しか報告しなかったのです。この開示制限の炉心崩壊事故のシミュレーション結果レポートは、東大前の古書店で３０００円で売られていたものです。

蒸気発生器は加圧水型炉でも脆弱なシステムですが、高速増殖炉の場合は水蒸気とナトリウムの間で熱交換するので、けた違いの危険性を内包することになります。１９８７年にイギリスの高速増殖炉において「高温ラプチャ」という現象が発生し、蒸気発生器伝熱管1本の破損がわずか8秒の間に39本の破断に伝播するという、設計基準事故を大幅に上回る事故が発生しました。この事故のことは報道されませんでしたが、匿名の筆者による原子力資料情報室通信への投稿によって私たちの知るところとなりました。京大原子炉実験所の小林圭二氏による調査によって、動燃がこの事故の後にイギリスに出張した際の報告書があることがわかりました。

この報告書には、動燃内部で設置許可の審査が行われていた1981年に実施された実験で、設計基準事故を大幅に超える伝熱管破損事故が起きていたことが記載されていました。それは、一連の実験シリーズの中の Run -16 実験と呼ばれたもので、動燃が1981年に行った伝熱管破損伝播試験です。この試験では、54本の配管のうち、実に25本が、高温ラプチャによって破損するという重大な結果となっていました。ところが、この深刻な試験結果は、動燃によって完全に秘密にされ、国民に公表されなかっただけでなく、科学技術庁に情報提供（報告）がされたのは、1994年11月であり、原子力安全委員会に報告されたのは、1998年4月になってのことでした。

この海外出張報告は、小林氏からの依頼を受けて、福島みずほ参議院議員の政策秘書を務めていた竹村英明氏が科学技術庁に対して粘り強く開示要求してくれましたが、半年ほど待たされ、一審の結審の数週間前になりようやく開示されたのです。この実験結果が隠されていたことを知ったときの激しい怒りは、今も新鮮です。この点についても、3点目の違法認定がなされました。

8　２００５年、最高裁で逆転敗訴

２００５年3月17日、最高裁が口頭弁論を開きました。そして5月30日に、最高裁は、高裁判決を破棄し、地裁判決を正当として住民側の請求を棄却する不当な判決を下しました。許可の時点で見逃されていた3つの問題点についても、発覚後に研究がなされ、事後的に安全対策が考えられたことを根拠に、安全審査に瑕疵がなくなる（対処可能性論と呼ばれました。）という異常な論理を最高裁はとりました。

２００５年6月住民は、最高裁は原審の適法に確定した事実関係に拘束されるはずである（民事訴訟法３２１条）のに、これを勝手に変え、また重要事項について判断を脱落していることなどを根拠に最高裁に再審訴状を提出しました。この再審は、同一の裁判官たちが審理を担当し、この年の12月に、もんじゅ現地抗議集会の直後に却下しました。

最高裁のこの違法なやり方は、中越沖地震後の柏崎刈羽原発についての判決（２００９年4月23日）、２０２２年6月17日の福島原発事故について国の賠償責任を否定した訴訟の最高裁判決多数意見でも繰り返されています。

9　無駄に終わった巨費の開発

結局、もんじゅは1995年にフル出力運転の15日分程度を発電したに過ぎません。2014年度までに要した建設費と維持管理費、燃料費は1兆3300億円に達しています。これは人件費を除いた数字です。運転していない時期でも安全対策費や設備維持費等が年間約197億円、人件費が年間約30億円、固定資産税が年間12億円の合計年約239億円という莫大な政府予算が組まれてきました。

動燃が名前を変えた核燃料サイクル機構は、2010年5月から7月まで、「もんじゅ」のゼロ出力での炉心確認試験を実施しました。直後の8月、炉内中継装置を原子炉容器内に落下させ、変形し引き抜くことができなくなりました。

3・11後の2012年11月、「もんじゅ」では、約9000機器について点検時期を超過していたことが確認され、原子力規制委員会は12月保安措置命令を発出しました。さらに、原子力規制委員会は、2015年11月、文部科学大臣*に対し、もんじゅの在り方を抜本的に見直すよう求めました。政府は2016年9月、対策費の高騰を理由にもんじゅ廃炉を決めたのです。

私たちは、もんじゅ訴訟において最高裁で逆転の苦杯を嘗めました。しかし、もんじゅは名古屋高裁金沢支部の判決が指摘した問題点を克服できないまま、廃炉に追い込まれることとなったのです。

＊もんじゅの管轄…もんじゅの管轄はもともと科学技術庁だったが2001年の中央省庁改革で文科省の管轄となっていた。

もんじゅを止めることができたのは、多くの市民の活動によるものですが、3人の科学者、核化学者の高木仁三郎氏と久米三四郎氏、核物理学者の小林圭二氏の功績は極めて大きなものがあると思います。

10 もんじゅの失敗は、そもそも炉のコンセプトの誤りである

最後に、もんじゅの失敗の根源的な理由について私（海渡）の意見を述べます。

もんじゅの失敗の根源は、プルトニウム炉心、ナトリウム冷却、水蒸気・ナトリウム間の熱交換というコンセプトそのものの無理にあると思います。技術の持つ潜在的な危険性が甚大すぎるのです。炉内中継装置の落下事故を見てもわかるように、不透明なナトリウムには何かを落としただけで、引き上げることすらできません。高温ナトリウムを使うため、強い熱応力に耐えるため、丈夫な構造にできないというトレードオフの関係にあります。このような根源的な技術的困難さのため、夢の原子炉もんじゅは、まさに、つかの間の夢と消えたのです。

11 核機密の壁によって隠される高速炉技術の問題点

プルトニウムを利用するこの技術には、厚い秘密のベールがかけられていました。私たちの闘

いは、このベールをはがし、隠された真実を明らかにする闘いでした。

2013年には、特定秘密保護法が制定されました。2023年には、秘密保護法の対象を原子力分野に拡大することがセキュリティ・クリアランス法案として計画されています。以前にもまして、これから開発される高速炉に関する情報には、厚いベールがかけられると思います。いま、三菱重工が設計中の高速炉は、もんじゅの開発の過程で選択肢とされたタンク型炉とされます。まさに、もんじゅの亡霊がよみがえろうとしているように見えます。

成功することのない夢を追いかけ続けることは、個人には許される場合があります。しかし、税金をつぎ込む国の政策としてはこのような冒険は許されないことです。まして、電気エネルギーを得るためなら、より安全で、効率的な発電方法が山のように見つけ出されているのですから。この、日本政府とアメリカ政府による高速炉の開発は、きっぱりとやめるべきです。

＊もんじゅについてもっと知りたい人のための参考文献

原子力発電に反対する福井県民会議『高速増殖炉の恐怖［三訂増補版］』緑風出版、2012年。

小林圭二『高速増殖炉もんじゅ――巨大核技術の夢と現実』七つ森書館、1994年。

海渡雄一「もんじゅ訴訟」日本弁護士連合会行政訴訟センター『最新重要行政関係事件実務研究』青林書院、2006年。

第6章 福島イノベーション・コースト構想のもとで進められる軍事・民生デュアルユース研究

1 岸田政権の下で進められる経済の軍事化

岸田政権の下で、2022年12月には、敵基地攻撃能力を盛り込んだ安保三文書が閣議決定され、この計画を実行するための法案が2023年の通常国会に提案されました。2022年の通常国会では経済安保法が、2021年の通常国会では土地規制法が成立し、戦争の準備が進められてきました。この中には、防衛省の装備品（兵器・武器）の開発・生産基盤強化法案（2023年6月成立）が含まれています。経済を軍事化する動きが強まる中で、2023年3月、吉田千亜さん（フリーライター）と和田央子さん（放射能ゴミ焼却を考えるふくしま連絡会）が事務局を務める「イノベーション・コースト構想を監視する会」が主催する福島イノベツアーに参加しました。

2　福島浜通りの驚くべき変貌

私は、原発事故後、弁護士会の調査や映画『日本と原発』の取材、函館市による大間原発差し止め裁判提訴の準備、飯舘村の集団ADR申立てのためなど様々な機会に福島第一原発、大熊町、双葉町、浪江町、飯舘村などを訪問してきました。

今回訪問して驚いたことは、原発事故の現地には廃墟となった住居が残されている一方で、そのすぐ隣の膨大な敷地を使い、イノベーション・コースト構想を現実化した巨大な産業施設が建設され、さらに、広大な住宅地や農地が整地され、空き地となっていて、浪江町の駅前には、福島国際研究教育機構（Fukushima Institute for Reserch, Education and Innovation、略称F-REI（エフレイ））が立てられる予定の広大な空き地ができていました。福島をはじめ東北の復興を実現するとともに、日本の科学技術力・産業競争力の強化に貢献する、世界に冠たる「創造的復興」の中核拠点として、国が設立した法人です（2023年4月設立）。F-REIは福島イノベーション・コースト構想の取組により整備された拠点間の連携等を促進し、構想をさらに具現化、発展させるとされています。

事故後の12年を経過して、除染の効果もあってか、多少は放射線量が下がっているところもありました。しかし、一般車両で入っていける帰還困難区域では、10マイクロシーベルト／hを超えるような個所もあります。このような箇所に工業施設を建設し、そこで働く人々を地域に迎え入れようとしているのです。

3　農地にそびえたつ玉ねぎの低温貯蔵施設

玉ねぎ畑の真ん中に玉ねぎの低温貯蔵施設が聳えていました。工業化された農業の姿が垣間見られます。この地域には地域ごとに、ブドウやサツマイモなどの特産品をつくりだそうとしているようです。

4　浪江町棚塩の産業団地に展開する広大な水素研究フィールドと直交集成材（CLT）の製造工場

浪江町の「道の駅」には多くの市民があつまり、賑わいを見せていました。その近くの浪江町の震災遺構である請戸（うけど）小学校に隣接して立地された棚塩産業団地を見ました。仮設焼却炉、そして、水素研究フィールド、直交集成材*（CLT）の製造工場、そしてその周りには太陽光パネルが取り囲んでいる、未来都市さながらの光景には息を呑みました。ここが、もともと浪江の人々の生活の場であったことを示すものは、震災遺構である請戸小学校以外には残されていません。

＊直交集成材…ひき枝を繊維方向が直交するように積層接着したパネル。コンクリート並みの強度があり、施行が短時間で可能という。

5　陸海空のロボットとドローンを研究するロボットテストフィールド

次に北上して南相馬のロボットテストフィールドも見てきました。ロボットテストフィールドは、廃炉に用いるロボットやトンネルのメンテナンスのためにドローンを使うなどと説明され、私もそんなものかと思ってきました。

２０２２年5月に成立した経済安保法のもとで、官民共同の技術協力の拠点の一つが福島県の浜通り、帰還困難区域に設けられた「福島ロボットテストフィールド」（ＲＴＦ）ではないかと疑われています。福島イノベーション・コースト構想に基づいて整備され、２０２０年から開始されたＲＴＦは、無人航空機、災害対応ロボット、水中探査ロボットといった陸・海・空のフィールドロボットの一大開発実証拠点とされます。開所式で所長のあいさつで、「インフラや災害現場など実際の使用環境を再現することで陸・海・空ロボットの性能評価や操縦訓練等ができる世界に類を見ない施設」と紹介しています。しかし、本当にこれは福島第一原発の廃炉に使うロボットだけを研究するための施設なのでしょうか？

「陸・海・空」という言葉遣いは自衛隊を想起させます。災害対応とは謳っているものの、防衛省陸上装備研究所がイノベーションコースト構想研究会に示した「ロボットテストフィールドの活用」（福島・国際研究産業都市（イノベーション・コースト）構想研究会（第6回）配布資料平成26年6月9日）というプレゼン資料では、水中で活動したり、ＣＢＲＮ対応となっています。

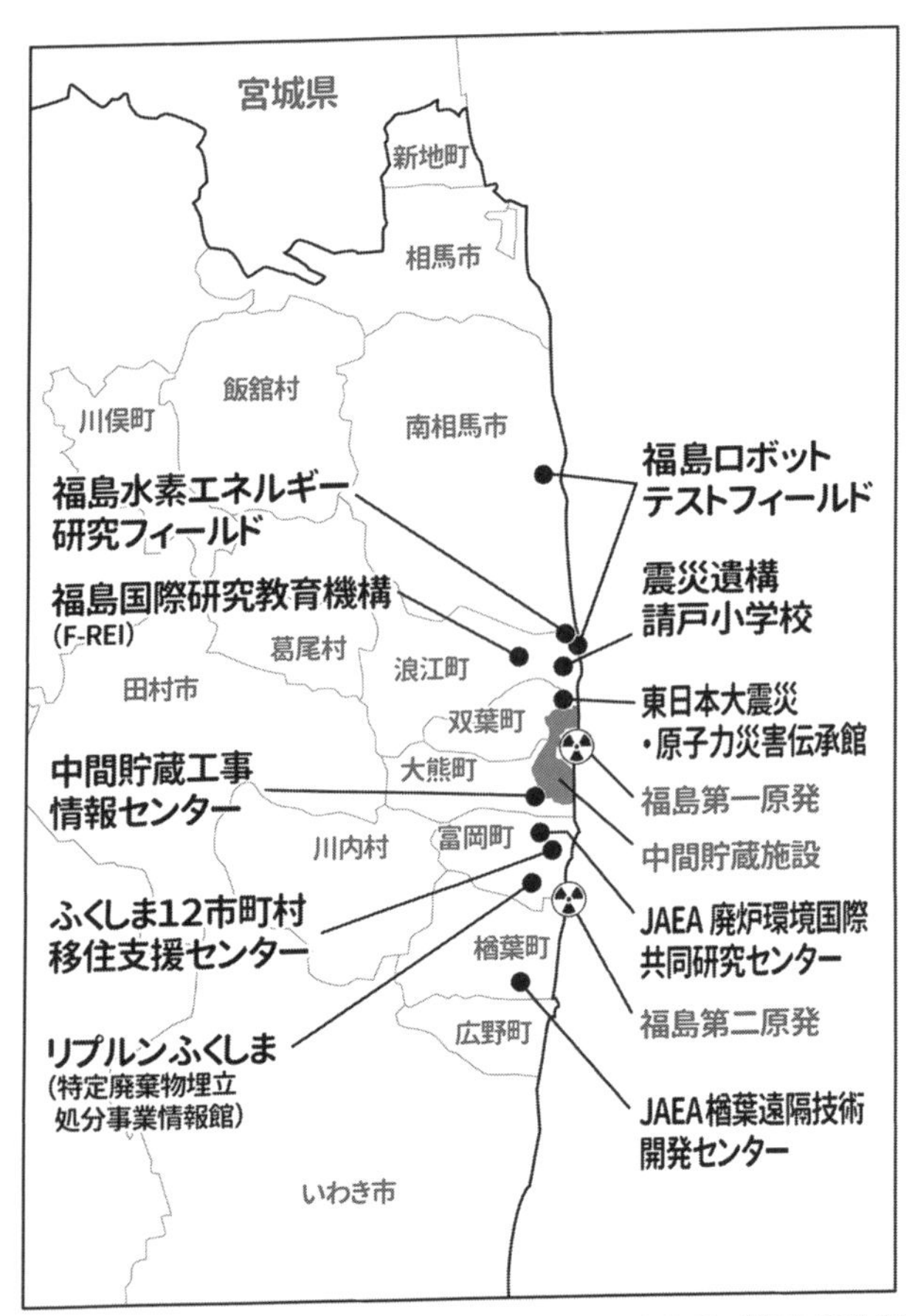

福島イノベーション・コースト構想の主な関連施設（福島原発刑事訴訟支援団提供、佐藤真弥作成）
下の写真は、水素研究フィールドと直交集成材（CLT）の製造工場（2023 年 3 月、海渡雄一撮影）

ＣＢＲＮ対応とは、化学・生物・放射線・核兵器に対応するという意味です。**まさに、核戦争後の行動訓練が可能な設備となっているのです。**

６　司令塔Ｆ–ＲＥＩに集う経済安保人脈

福島国際研究教育機構は、福島浜通り地域の国際教育研究拠点に関する有識者会議の提言に基づいて設置されました。理事長は山崎光悦氏ですが、経済安保のキーパースン上山隆大・内閣府総合科学技術・イノベーション会議常勤議員も有識者会議委員となっています。「創造的復興の中核拠点」として、研究開発、その成果の産業化及び人材育成の中核となる福島国際研究教育機構の整備を推進するとしています。２０１９年７月から約１年にわたり有識者会議を開催し、令和２年12月に政府としての基本方針を策定、２０２１年11月に法人形態は特殊法人と決定され、２０２３年４月に発足しました。２０２２年９月17日には、岸田首相が福島県を訪問し、浪江町のＦ–ＲＥＩの予定地を視察しました。

Ｆ–ＲＥＩは、世界の一流の研究者を呼び寄せ、５０００人

防衛省陸上装備研究所がイノベーションコースト構想研究会に示した「ロボットテストフィールドの活用」(福島・国際研究産業都市（イノベーション・コースト）構想研究会（第６回）配布資料平成26年６月９日より引用

規模の雇用を目指すとされています。研究者には、国内の研究者にとっては破格の高い給与（中堅クラスで年収3000万円程度）が保証されるといわれ、学位の取得もできる制度にすることも謳われています。しかし、**軍事研究につながる研究**であり、研究内容の公表には厳しい制限が予想される中で、どれだけの研究者が集まるのか、注目されています。

7　イノベ構想の源流は核研究都市ハンフォード

吉田さんと和田さんの粘り強い調査によれば、アメリカの核研究の中心であったハンフォードにある「米国エネルギー省パシフィックノースウェスト国立研究所（PNNL）」の首席研究者である大西康夫氏は、事故直後から官邸関係者から求められて2022年までに30回以上来日しているといいます。そして、大西氏は、2019年にいわき市に開所された東日本国際大学福島復興創世研究所の所長となっています。

また、2014年1月には赤羽一嘉経済産業副大臣（当時原子力災害現地対策本部長）が、ハンフォードの研究機関を訪問し、米国国立標準技術研究所（NIST）で災害対応ロボットの実証施設、テキサスA&M大学および隣接実証サイトであるディザスターシティ（TEEX）を訪れ、関係者と意見交換を行っています。赤羽副大臣は同月に私的研究会「福島・国際研究産業都市構想（イノベーション・コースト）研究会」を立ち上げていました。今日のイノベーションコースト構想がハンフォードをモデルとしたものであることがわかります。

8　これが福島の人々が望んだ復興の姿といえるのか

今回のツアーに一緒に参加した、浪江町津島出身の菅野みずえさんは、変わり果てたふるさとの姿に涙し、「おらたちのまちは、どこへ行ってしまったのか」とつぶやかれていました。7月に福島原発告訴団・刑事訴訟支援団の合宿が湯本の「古滝屋」で行われました。その客室には、三原由起子さんの歌集『土地に呼ばれる』（本阿弥書店、2022年）が置かれていました。三原さんは、浪江町出身の歌人です。三原さんは、国の主導で進められている「復興」への違和感を次のようにつづっています。

ふるさとは小分けにされて真っ黒な袋の中で燃やされるのを待つ
復讐と同じくらいに復興という語おそろし人が恐ろし
風評の世界で生きて何もかもなかったことにできる人たち

浪江の新町商店街にあった実家のおもちゃ屋さんが取り壊されるときの悲痛な和歌にも心が痛みます。

両隣更地になりて戻れない戻らない新町商店街は／曾祖父の代より継ぎし建物を取り壊すこと
空を見上げて／町をあげて建物壊す順番に「一番最後にこわしてください」／曾祖父母祖父母
父母の守り来し店「解体中」の幟はためく／わが店に売られしおもちゃのショベルカー大きく
なりてわが店壊す／痕跡を消すということわれわれのその存在を消すということ／本当のふる
さとはどこ　道の駅なみえで食べる「なみえ焼きそば」／棚塩に水素工場現れて「浪江のわれ」
はわれに戻れず

いま、福島で進められている復興が、ここに暮らしていた人々の心と離れていく先に、軍事・
民生のデュアル研究都市が築かれようとしています。これは、福島の人々の望んでいた復興の姿
とは到底言えないのではないでしょうか。

第7章　子ども甲状腺がんの多発

1　事故当時、子どもだった方たちが裁判を起こした

福島第一原発事故による被害で最も深刻なものの一つが、若者らに多発した甲状腺がんです。福島第一原発事故後、当初から特に小さい子どもらに甲状腺がんが多発するのではないかということが懸念され、現在、福島県の県民健康調査*などによって**３００人を超える子どもらに甲状腺がんが発見されています**。

しかし、事故から10年間、住民が原発事故の健康被害を訴える集団訴訟は起こされてきませんでした。そして、事故から10年以上経った２０２２年1月27日、福島第一原発事故が原因で甲状腺がんを患ったとして、男女６人の若者が東京電力に対して損害賠償を求める「３１１子ども甲状腺がん裁判」という訴訟が提起されました。その年の9月7日には一人の女性が原告として加わり、現在、原告は7人になっています。

「３１１子ども甲状腺がん裁判」の原告は、原発事故当時、6歳（幼稚園の年長組）から16歳（高校一年生）でした。当時の原告7人の生活場所は、相双地域が1人、中通り地域が5人、会津地域が1人です。原告7人のうち、３人が甲状腺の片側半分を切除しており、４名が甲状腺を全て摘出しています。原告のなかには4回もの手術を経験した方や、がんの肺転移を指摘されている

方もいます。また、原告のうち4人は非常に過酷なＲＡＩ治療（放射性ヨウ素が入ったカプセル剤を服用し、放射性ヨウ素を転移した甲状腺がんに取り込ませ、がんを攻撃する治療法）を受けています。

この裁判の弁護団は、志賀原発の原子炉運転差止請求を認めた元裁判官の井戸謙一弁護士を団長とし、数々の原発差止訴訟等を手掛ける海渡雄一弁護士と河合弘之弁護士を副団長とする総勢20名の弁護士で構成されています。

2 そもそも甲状腺がんとは

甲状腺は、首の前、喉ぼとけのすぐ下にある蝶の形をした内分泌臓器です。正常な大きさは、幅が5㎝以下、厚さが1・5㎝以下、重量が15～20ｇと非常に小さく、子どもの場合はさらに小さいものです。甲状腺は、食べ物に含まれるヨウ素を材料にして甲状腺ホルモンを作り、血液中に分泌しています。甲状腺ホルモンには、脳の活性化、体温の調節、心臓や胃腸の活性化、新陳代謝の促進、人が活動するために必要なエネルギーを作るなどの作用があり、快適な生活を送るためになくてはならないホルモンです。また、妊娠出産や、体の発育を促進するといった機能もあります。したがって、甲状腺がんの治療として甲状腺の摘出をすると、甲状腺がもつ機能が阻害されることになります。甲状腺は成長ホルモンを分泌するものなので、特に成長段階にある小

＊**県民健康調査**
福島第一原発事故による放射性物質の拡散や避難等を踏まえ、県民の被ばく線量の評価を行うとともに、県民の健康状態を把握し、疾病の予防、早期発見、早期治療につなげ、もって、将来にわたる県民の健康の維持、増進を図ることを目的とする健康調査。

さな子どもが甲状腺を摘出するということは、とても深刻な影響を及ぼします。

甲状腺は、ホルモンを作る材料にするヨウ素が、普通のヨウ素なのか、身体に有害な放射性のヨウ素なのかを区別できず、原発事故などによって放射性ヨウ素が大量に放出されると、これらを集中的に取り込んでしまいます。そして、取り込まれた放射性ヨウ素が甲状腺の細胞を傷つけ、甲状腺がんが発生します。

小児甲状腺がんは、**通常、年間でみて100万人に1人か2人しか発生しないといわれる極めて珍しい病気**です。チェルノブイリ原発事故後に生じた様々な健康被害のうち、事故から10年経ってようやく国際機関が原発事故とがんの因果関係を認めた唯一の病気です。

3　なぜ提訴まで10年以上かかったのか

311子ども甲状腺がん裁判が起こされたことに対してよくある質問は、「なぜ原告が7人しかいないのか。」、「なぜ提訴まで10年以上もかかったのか。」というものです。

10年以上かかって、やっと原告7人が声をあげたという事実こそが、原発事故による健康被害の深刻さを端的に表しています。

原告の一人は、裁判を起こした際の会見において、提訴に10年以上かかった理由について、時折涙を流しながら話しました。その理由は、震災当時も避難者に対する差別があったこともあり、自分が甲状腺がんになったという事実を人に話すと、差別を受けるのではないかと恐怖を感じていた、そして、裁判をしようと思っても当時は未成年でお金もなく裁判は現実的なものではなかったため、誰にも言えず、この10年以上を過ごしてきたというものです。

福島第一原発事故以降、300人以上の子どもたちに甲状腺がんが発症しているのですから、普通なら、患者の方々が団結して100人超の集団訴訟が起きてもおかしくありません。しかし、患者の方々は、この裁判の原告がそうだったように、甲状腺がんのことを他人に言えず、完全に孤立しています。お互いの顔も名前も知らず、甲状腺がんのことを知っているのは家族だけというケースがほとんどです。

甲状腺がんの患者の方々やそのご家族が沈黙を強いられる理由は、日本政府や福島県、そして東京電力が原発事故による住民の健康被害は無いと主張しており、メディアによってそのような認識が社会に浸透しているからです。さらに、原発事故による被ばくが原因で甲状腺がんに罹ったという声をあげれば、「福島の復興を妨げる」として周りからバッシングされることがあります。実際に311子ども甲状腺がん裁判の原告やご家族、そして弁護団に対しては、「なんでこんな裁判するんだ。復興の妨げになる！」、「よそ者に（福島に住む）俺たちの何が分かる！」といった批判的な声や、「原告は、お前の子どもだろ」、「集会の写真を拡大して原告が誰かを突き止めてやる」、「意見陳述したのは君だろ？」といったまるで犯人探しをするように原告を特定しようとする声が向けられたことがあります。

そのため、311子ども甲状腺がん裁判の原告やそのご家族は匿名で活動せざるを得ないのです。裁判手続では、原告を特定しうるような情報の閲覧などは制限される手続きを取り、記者会見や公開の法廷で原告本人が話す際には、遮蔽などを設ける措置がとられています。ただ、ここ数回の裁判期日では法廷で遮蔽を用いることなく意見を述べることを選択した原告の若者が数人います。社会的な差別を受けるという怖さがあったはずですが、勇気をもってそれを乗り越えようとしているように、弁護団の目には映りました。

4 「復興」とは何か?

311子ども甲状腺がん裁判が進んでいくなかで、原告、ご家族、そして弁護団に向けられる「福島の復興を妨げる」という批判的な声を受けると、「復興」とはいったい何なのかということを考えずにはいれません。311子ども甲状腺がん裁判における原告の主張が認められれば、原発事故が原因で健康被害が生じたということがはっきりします。そうすると、福島の放射能は恐い、福島には戻れない、福島県産の食べ物は買えないといった動きが起こるから福島を復興させようとする活動を妨げることになる、という声も上がるかもしれません。

しかし、「復興」とは被害を回復することです。「復興した」というためには、すべての被害が回復されなければならず、そのためには、どのような被害があったかについて正しい認識が前提となるはずです。経済的被害は回復されても、健康被害が無視されて賠償も補償もされないのであれば、それは「復興」とは呼べないのではないでしょうか。一部の被害者を置き去りにした「復興」はまがいものです。甲状腺がんの原因が原発事故直後に存在した放射性ヨウ素であると認められたからといって、復興の妨げになるということがあるでしょうか。なにより甲状腺がんになった人たちの苦しみを無かったことにはできません。甲状腺がんになった人たちが声をあげることすら許さないとすべきなのでしょうか。若くして甲状腺がんになった人たちやそのご家族は、孤立し、政府も行政も周囲の人も頼ることが出来ず、10年以上耐えて耐えて過ごしてきたのです。そして、やっとのことで自分たちの甲状腺がんが原発事故によるものかどうかを裁判で明らかにしたいという思いで裁判を起こしたのです。このような人たちの苦しみをまるで無かったかのようにして行われる復興が本当の「復興」といえるのか、原発事故を経験した私たち一人一人がよく考えなければならないことです。

特に、裁判を起こした原告の方々も葛藤しながら進んでいることを知っていただきたいと思います。原告のなかには、甲状腺がんの問題と正面から向き合わなければ、自分を含めた甲状腺がん患者が先に進めないと感じている方もいます。原告はみなさん、福島県出身であり、故郷である福島やそこに住む人たちをとても大切に思っています。原告の一人は、弁護士と福島を訪れた際に「やっぱり地元（福島）が好きだ」と言って原発事故前の福島の様子をたくさん話してくれました。原告が数人で地元福島の話をするとき、とても楽しそうで、福島を大事に思っていることが伝わってきます。

その一方で、原告たちが裁判に勝てば、「福島の復興を妨げる」と捉えられて、福島を大事にしている人たちを傷つけるのではないかと心配して悩んでいるのです。

この本を書く過程でも、「復興」とは何かについて、たくさん話し合う必要がありました。そもそも、「復興」とは何かという話に触れるべきかどうかも話し合われました。実際に原発事故に被災された当事者のお一人から、次のようなご指摘を受けました。

いま福島で行われている復興が、実際の被害者が望む「元の暮らしを取り戻したい」という望みとは、大きく乖離したものであるという点を踏まえていないのではないかというものでした。福島で「復興」が大きく取り上げられるのは、自分たちのかつての暮らしや産業の再生よりも、莫大な復興予算を注ぎ込んだ、軍事転用も可能な最先端技術の研究や、今までに無いような新しい施設を造り、主に他県から人を呼び込もうとする動きです。被害者のために直接お金が使われず、大手ゼネコンや原子力産業が再び利権を得ているのです。同時に大手広告代理店が多額の税金を使い事故前からの巧妙なノウハウを駆使して、「復興に邁進する福島の空気感」を醸成し、やはり利権を得ています。

また、被害者の一部はそこに巻き込まれ乗せられ、口を封じられてしまったり、原告たちに酷い言葉を発したりしてしまっているのかもしれません。そのようにして分断は広げられていくものであり、原発事故や甲状腺がんに関する差別やバッシングは、構造的に作られた面もあるということを念頭に入れて頂きたいというご指摘でした。「復興」とは何かを考えるうえで、福島県外に住む者がいかに実情を知らないかということをよく意識しなければならないと思いました。

このように311子ども甲状腺がん裁判は、自分たちの実情を知ってもらいたい、子どもの甲状腺がんを救済してもらいたいという思いと、福島を大事にしている人たちを傷つけたくないという思いの葛藤の中で進んでいく非常に難しい裁判です。

5　裁判の本質

311子ども甲状腺がん裁判の本質が何かということを常に忘れてはなりません。この裁判では、原発事故による被ばくがどの程度のものだったのか、そして、被ばくと甲状腺がんの因果関係があるのかどうかといった、難しい話がされることがよくあります。たしかに、損害賠償請求という法的な主張が認められるために、説得力と証拠をもって、そのような難しい話をしていかなければなりません。

しかし、この裁判の7人の原告は、この本を読んでいる方々やそのお子さんらと何ら変わらない、自分の人生を一生懸命生きている人たちです。そのような人たちの人生が懸っている話なんだということを忘れてはいけないと思います。

提訴直後、弁護団は、原告一人一人の思いを裁判官に伝えるために、原告ご本人の法廷にお ける意見陳述を求めました。これに対して、東京電力の弁護士は、次のようなことを述べました。「この裁判は科学的・医学的裁判であるから、裁判官には冷静・合理的・科学的な審理進行をお願いしたい。原告の方々は苦しんでいるだろうけど、情緒的な部分、本人自身の体験を述べるという審理の進行については相当ではない。科学的知見に基づく科学裁判としての部分に焦点を当てて進行してもらいたい」

東京電力の弁護士が指摘するように、この裁判では、被ばくの程度や、被ばくと甲状腺がんの因果関係という科学的・医学的な話が重要であることはその通りです。しかし、その部分だけに「焦点」を当てるということは、この裁判が実際にいる「人」の人生に関わるものだというという本質から外れていきます。

この裁判の本質は、若者たちの人生そのものが懸っているということであり、その本質を知るために一番大事なのが原告本人の声を聴くことなのです。

6　原告の声

ここからは原告本人が自分たちの声で行った法廷における意見陳述の一部を紹介します。そして、できればこの本を読んだ後、公表している原告意見陳述の全文[*]を一読してもらいたいと思います。それだけでも、原告の声に現れる問題が氷山の一角に過ぎないものであるということ、それほど甲状腺がんの問題が深刻であるということを知ることができると思います。

◆意見陳述抜粋（原告2）

病気になってから、将来の夢よりも、治療を最優先してきました。治療で大学も、将来の仕事につなげようとしていた勉強も、楽しみにしていたコンサートも行けなくなり、全部諦めてしまいました。でも、本当は大学を辞めたくなかった。卒業したかった。大学を卒業して、自分の得意な分野で就職して働いてみたかった。新卒で「就活」をしてみたかった。友達と「就活どうだった？」とか、たわいもない会話をしたりして、大学生活を送ってみたかった。今では、それは叶わぬ夢になってしまいましたが、どうしても諦めきれません。一緒に中学や高校を卒業した友達は、もう大学を卒業し、就職をして、安定した生活を送っています。そんな友達をどうしても羨望の眼差しでみてしまう。友達を妬んだりはしたくないのに、そういう感情が生まれてしまうのが辛い。病院に行っても、同じ年代の医大生とすれ違うのがつらい。同じ年代なのに、私も大学生だったはずなのにと思ってしまう。自分が病気のせいで、家族にどれだけ心配や迷惑をかけてきたかと思うととても申しわけない気持ちです。もう自分のせいで家族に悲しい思いはさせたくありません。

もとの身体に戻りたい。そう、どんなに願っても、もう戻ることはできません。

この裁判を通じて、甲状腺がん患者に対する補償が実現することを願います。

＊原告意見陳述の全文
「311 甲状腺がん子ども支援ネットワーク」HP
https://www.311support.net/statementofopinionplaintiff/

原告2さんの意見陳述では、このほかにも過酷なアイソトープ治療の経験も語られました。たった20分ほどの意見陳述でしたが、原告2さんの話から、甲状腺がんによって人生の「未来」が大きく奪われたことが伝わってきました。

◆意見陳述抜粋（原告6）

私は小学校に入る前に原発事故に遭い、以来11年間、小さなアパートで避難生活を続けています。そして13歳でがんになり、17歳で2度目の手術を受けました。原発事故の時も、検査のことも、まだ小さかったので、何が起きているかよく分からず、覚えていることはほとんどありません。自分の考え方や性格、将来の夢も、まだはっきりしないうちに、全てが変わってしまいました。だから私は、将来自分が何をしたいのかよく分かりません。ただ、経済的に安定した生活を送れる公務員になりたいと考えています。恋愛も、結婚も、出産も、私とは縁のないものだと思っています。私にとって高校生活は、青春を楽しむというよりは、安定した将来のため、大学進学のために学校推薦をもらうための場です。友だちとの関わりも、深いつきあいは面倒なので、距離を置いています。それでも、時々、勉強に対するプレッシャーや、将来への不安で、眠れないことがあります。

私は将来が不安です。とくに、金銭面での不安が一番大きいです。18歳になって医療保険にも加入できなかった場合、これからの医療費はどうなるのか。病気が悪化した時の生活はどうすればいいのか。本当に不安です。

精神面でも不安はあります。半永久的に薬を飲まなくてはならないし、ずっと今後も定期的な受診をしなくてはならないと思うと、なんとも言えない不安があります。

この裁判で、将来、私が安心して生活できる補償を認めてほしいです。私が裁判官の皆さんに、一番伝えたいことは、今までお話ししたこと全部です。

第2回弁論で陳述した原告6さんは、最年少の原告です。事故当時は幼稚園に通っていました。担当弁護士の一人は、原告6さんが公務員になろうとしているという話は以前から聞いていましたが、その理由を聞いて言葉に詰まりました。原告の未来がどれほど奪われ、これからの未来も妨げられているのか。これだけの文章からも痛いほど伝わってきます。

◆意見陳述抜粋（原告5）

最近また再発して、3回目の手術の話が出た。嫌な気持ちもあるけど、どちらかというと母親に迷惑かけてばかりなのが申し訳ない。漠然とした不安。これから先のことも考えられない。今とか、未来とか、実際、やばい。

でも、私は病気になったのが、身内や友達ではなく、自分で良かったなと思ってます。友だちや家族が罹った方がつらいんじゃないかと思う。裁判官の皆さんに対しても、甲状腺がんになったのが、あなたのお子さんでなくて良かった。そう思います。

第3回弁論で意見陳述した原告5さんです。弁護士が一番衝撃を受けたのは、「ガンになったのが自分で良かった」「友達でなくてよかった」「裁判官、あなたのお子さんじゃなくて良かった」という部分です。自分も辛いけど、家族や友達ががんになる方がもっとつらい、だから自分で良かった。このような気持ちになるまで、何が起こり、そのたびに原告5さんがどう感じてきたのか。その深さを推し量ることすらできません。

◆意見陳述抜粋（原告4）

がんと共に生きる生活は7年になる。旅行の準備も、着替えや化粧水などと一緒に、最後に必ず、薬を持ったか、確認することが当たり前になった。普段、意識はしない。がんは、ただ常に側にある。がんは、ただ常に側にある。

（2回目の手術後）このまま一生。声が戻らなくなったらどうなるのか。暗い手術室の中で痛みに耐えながら、強い絶望を感じた。しずまり返った部屋の中で、ひたすら鳴り続ける心電図の音を聞いていると、この時間が永遠に続くかのように感じた。その時初めて、「こんなにも辛く、声も失うのなら、いっそ、死んだ方が楽かもしれない。」そう思った。

（手術帰りの電車の中で音楽を聴きながら）父の気持ちは分からなかったが、自分の中で今の手術の経験が（音楽の歌詞と）重なった。そして、深夜の病室で死にたいと思ったことを深く後悔した。「いつか死ぬなら、それまで、精一杯の人生を送ろう。」「自分のことで、父親が負い目に感じさせたくない」。2度も首も切る手術をしたなら、もう半分死んだようなものだ。今までは、家族や周囲から見て無難な選択をしてきたけど、これからは自分の意志を大切にしよう。この時、そう心に決めた。

再発するかもというのは、頭の片隅には常にある。がんの再発は覚悟しているが、前だけを見たいと考えている。自分の病気が放射線による被曝の影響と認められるのか。この裁判を通じて、最後までしっかり事実を確認したい。

原告4さんは、取材を受けた際にも「覚悟して生きています。」と言っていました。まだ20代半ばの若者にそこまで悲壮な覚悟をさせた甲状腺がんの原因を明らかにしなければならないと痛感します。

◆意見陳述抜粋（原告7）

（ガンの告知後）帰りの電車で何を考えたのか。全く覚えていません。心の中は、ただただ「無」だったと思います。家族ですら敵に見えたり、誰かが自分の噂をして、貶（けな）しているんじゃないかと疑った。就職のことを考える必要がありましたが、体力的にも、精神的にも限界だったので、どうでもよくなっていました。ずっと家に引きこもり、誰とも話さない日々でした。ところが気持ちが落ち着いてくると、今度は自分は一体、何をしているんだろうと、自分で自分を責める時間が増えました。

裁判を知ってから、今、立ち上がらないといけないと思いました。たしかに過去に起きたことだけど、大切なのは、未来にどう繋げるかのはず。悲惨な事故のことは忘れてはいけない、なかったことにはしてはならない。

坂本三郎さん、野口晶寛さん、原健志さん。* 私たちは今、匿名で戦っていますが、一人ひとり名前があります。私の名前はわかりますか。かつての私のように、裁判官の皆さんにとっては、ひとごとかもしれません。私がそうだったから、痛いほどわかります。でも、私たちがなぜこのように立たざるを得なかったのか。それだけでも理解してほしいです。

原告7さんは普段、明るく喋ってなんともない雰囲気を出していますが、心の中は不安だらけだといいます。その一方で、どんな結果になろうとも原告として最後までやる覚悟を持ってこの裁判に挑むと話していました。

◆意見陳述抜粋（原告1）

まさか20歳でガン宣告されるとは思っていませんでした。ガンと聞いた瞬間、「もしかして死

＊坂本三郎さん、野口晶寛さん、原健志さん…3名とも裁判官。原告意見陳述は、法廷内で裁判官3名の面前にある証言台に立って行われた。

ぬのか……？」という気持ちになりました。母が診察室に残って医者と話している間、診察室の外ですぐに乳頭がんについてスマホで調べました。

再発することを考えると、気分が落ち込んでしまうので、普段は考えないようにしていますが、病院に行って検査結果を聞くまでは、どうしても不安でいっぱいになります。

がん宣告を受けた原告1さんが、病院の廊下で一人、必死に「乳頭がん」「死亡率」でスマホと使って検索していた時の気持ちを考えると、強い憤りを禁じ得ません。

◆意見陳述抜粋（原告3）

（がんの告知を受けた際）先生が急に「気になっているかもしれませんが、このがんは、福島原発事故との因果関係はありません。」そう釘を刺しました。母は、「何がいけなかったんだろう」「もうちょっと注意してればよかった」と言葉を繰り返していました。

手術が終われば、がんがなくなり、元の自分に戻れる。手術前は、そう期待していました。でも、そううまくはいきませんでした。何をするにしても健康を一番に考えて、何事もセーブする癖がつきました。身体に悪い食品は避け、友だちと夜中まで遊ぶことも、徹夜することもなくなりました。就職活動も、体のことばかり考えて、やりたい仕事がわからなくなりました。昔は、やりたいことは何でも行動に移してきたのに、そういう気持ちはいつの間にかなくなっていました。一人っ子の私を大切に育ててくれた両親と家族は、常に私の将来を心配し、胸を痛めています。告知を受けた日の母の涙は忘れることができません。
わたしよりも幼い子どもたちが被ばくをして苦しんでいて、今後も健康被害が生まれ、苦しむ子どもたちが増えてくる可能性がある。弱い立場にある子どもたちを見捨てずに、未来のある子どもたちがしっかりと救済され、幸せな人生を生きられる世の中にしてほしい。

子どもたちはこれから成長し、学び、働き、人に出会う、人生の可能性に満ちた存在です。原告3さんの話は、甲状腺がんがそのような子どもの未来を奪うという深刻さを苦しいほど切実に伝えています。

7 被害の実相まとめ

甲状腺がんによる被害は、治療費などの金銭的損害や治療の身体的苦痛だけではありません。原告の7人が甲状腺がんと診断され、治療や手術のために多くの時間を奪われたのは、10代や20代の時期です。通常、10代や20代であれば、夢に向かって過ごしていたり、友達や恋人とかけがえのない日々を過ごしている時期です。しかし、原告7人は突然、甲状腺がんになり、治療、手術、体調不良のために、10代や20代という人生において多感で希望に溢れた時間を犠牲にしてきました。自分の将来の夢のために県内屈指の高校に入り、さらに夢に続く道を進むために入った大学を中退しなければなりませんでした。努力すれば結果はついてくると信じて頑張り、自分の力で掴み取った憧れの就職先の仕事をやめなければならなくなりました。自分の友達が夢を叶えていく姿を目の当たりにしながら、耐えて耐えて過ごしてきたのです。恋愛、結婚、出産を具体的に思い浮かべることができなくなっている原告もいます。人として「当たり前」の夢や希望、将来の姿を描くことすらできない人がいるのです。

また、原告7人は、今後60年、70年といった長い人生において甲状腺がんの治療を続け、日夜、体調不良に苦しめられ、悩まされ、がんの再発や転移に関する計り知れない不安を一生抱えていくことになります。

さらに、原告の親や家族の苦しみも本当に大きなものです。原告らの家族が、治療に苦しみ、不安を抱える原告らを心配しないときは片時もありません。原告らに付き添い、何とかしてあげたい、と毎日考え、悩んでいます。そして、原告たちも、そんな家族を思い「これ以上、家族に心配をかけたくない。」と心を痛めているのです。

原発事故による甲状腺がんの問題は、このような被害の実相をきちんと言葉にして、裁判所、そして広く社会に伝えることがとても重要になります。原告ら一人一人に歩んできた人生があり、これからの人生があります。それぞれが何に苦しみ、何を不安に思い、何を悔しいと思うのか。それをこの裁判で明らかにし、原告らが生きていく希望となる「救済」をすることが絶対に必要です。

被害の実相を伝える点で、最後に、311子ども甲状腺がん裁判の意義について原告の一人が話した言葉を紹介します。

「自分よりも小さい子たちも甲状腺がんになって苦しんでいる。だから、その子たちのためにも、先に大人になった自分たちが裁判を起こして、勝訴して、全員がしっかりとサポートを受けられるようにしたい。」

8　裁判の争点と重要な証拠

被害の実相は、いかに原告の方たちを救済すべきかという救済の必要性を伝えるものです。一方で、損害賠償請求という法的主張が認められるためには、法的に争いになる点について、客観的な証拠をもって証明していかなければなりません。

そのための原告側の主張の大枠は、

①小児甲状腺がんは年間100万人に1~2人しか発生しない。
②福島県では、事故後38万人の子どもから、300名以上の小児甲状腺がんが発生している。
③小児甲状腺がん発症の第一の原因は被ばくである。
④原告らは相当程度の被ばくをした。

以上のことから、原告らの小児甲状腺がん発症が被ばくであり、被ばく以外の原因であるなら被告東電の側が証明するべきである、というものです。

この主張のなかで今、特に激しく争われている点は、③と④に関連する「原発事故による原告らの被ばくがどの程度のものだったのか」と「被ばくと原告らの甲状腺がんの因果関係があるのかどうか（被ばくが原因で甲状腺がんになったのかどうか）」の２つです。

まず、「原発事故による原告らの被ばくがどの程度のものだったのか」という点についてです。東京電力は、国連科学委員会（ＵＮＳＣＥＡＲ（アンスケアー））が算出した推計結果に基づいて、原告らの甲状腺等価線量は、それぞれ10ｍＳｖ以下であると主張しています。しかし、ＵＮＳＣＥＡＲによる被ばく推計量は、参照すべき重要なデータを無視しており、その結果は到底信用することができません。

この重要なデータというのは、福島市紅葉山のモニタリングポストで得られた大気中に放出された放射性物質の実測データです。私たち弁護団は、福島県を含めた広範囲の地域を汚染した２０１１年３月15日の放射性プルームについて、この実測データに関する論文をもとに専門家の協力をえて独自の試算結果を得ました。そして、当時、福島市に居住していた1歳児は、放射性プルームが通過した３月１５日夕方から３月16日早朝までの間に、呼吸で大気中の放射性ヨウ素１３１を取り込むことによる内部被ばくだけで、甲状腺等価線量約60ｍＳｖの被ばくをしたことが分かりました。非常に控えめに算出したにも関わらず、東京電力が根拠にするＵＮＳＣＥＡＲの推計量の約６倍もの被ばくがあったことを示すものです。国連科学委員会の報告書と聞くと、それだけで、その報告内容が正しいかと思いこんでしまいそうです。しかし、この報告書は極めて重要な実測データを使わず、シミュレーションで被ばく量を推計していました。しかも、その推計結果は実測データと大きく乖離していたのです。

次に「被ばくと原告らの甲状腺がんの因果関係があるのかどうか（被ばくが原因で甲状腺がんになったのかどうか）」という点についてです。

因果関係というのは、ある行為が原因で、ある結果が生じた、「あれがなければ、これがなかった」という関係のことです。甲状腺がん裁判にあてはめると、原発事故による放射性物質（放射性ヨウ素）が原因で、甲状腺がんになったという結果が生じたという関係のことです。しかし、因果関係は、「関係」という目に見えないものです。弁護団は、この目に見えない因果関係が「ある」ということを法的に証明する手法の一つとして疫学的手法を用いています。有害物質によって集団的な健康被害が発生した過去の公害訴訟でも疫学という科学的な手法を用いて、因果関係が認められてきました。

この疫学的手法が有効なのは目に見えない「因果関係」を目に見える「原因確率」という数値にすることができる点です。そして、私たちは、専門家に依頼して原告たちの甲状腺がんについて、放射能が原因かどうかを示す原因確率を算出しました。結果は、原因確率94・9％から99・3％という極めて高い数値が出ました。

過去に、因果関係が肯定され被害救済がなされている公害事例や職業病事例等の原因確率は

50％から67％、高くても75％程度でした。３１１甲状腺がん裁判と同じく放射線被ばくに起因する健康障害に関する原爆症では原因確率が10％以上でも、これを根拠に因果関係が肯定されたケースがありました。小児甲状腺がんは非常に稀な疾患ですから、他の事例と比べても高い原因確率が得られたものと考えられます。

この疫学を用いた原因確率を見ても、原告たちの甲状腺がんの発症原因は、原発事故による放射線被ばくであることは明らかです。

３１１子ども甲状腺がん裁判の原告や弁護団には、気持ちのあふれるたくさんの応援メッセージがよせられています。クラウドファンディング、多くの寄付、署名活動への協力、裁判の傍聴に来て下さること。皆さんの温かい応援のメッセージや行動は、私たちに勇気と力を与えてくれます。一つ一つの行動だけでは、目に見える大きな成果は無いかもしれません。しかし「水滴岩をも穿つ」というように、私たちは粘り強く、我慢強く闘い続ければ、困難なことも必ず成し遂げられると信じています。この本を目にして、勇気ある決断をした原告、そして、同じような被害に遭った子どもたちが本当の意味で救済される日まで一緒に闘ってくださる方が一人でも多くなれば、私たちは本当にうれしく思います。

第8章　汚染水海洋放出の問題

今、世界につながる日本の「海」と人々の「いのち」が脅かされているという現実をご存知でしょうか。

福島原発事故後に残された重大な課題の一つである原発事故後の汚染水処理、そしてこの汚染水の海洋放出の問題は、「海」と「いのち」を脅かすものです。

汚染水は、事故で溶け落ちた核燃料を冷やすために水を入れたり、原子炉建屋に流入する地下水などが流れ込んだりすることで、一日130トンのペースで増加しています。東京電力は、これらの汚染水をALPS（多核種除去設備）などの専用の浄化設備にかけ、放射性物質のトリチウムを含む「処理水」にしているとされています。これらの「処理水」は、現在、福島第一原発敷地内にある1000基余の大型タンクで保管されていますが、その量は、2022年7月時点で、保管容量の96％にあたるおよそ130万トンに達しており、2023年の夏から秋ごろにはタンクが満杯になる見通しが示されています。そして、政府は基準を下回る濃度に薄めるなどして2023年春ごろからこれらの「処理水」を海に放出する方針を決めています。

政府が「処理水」と呼ぶ汚染水は、福島第一原発事故に由来するものです。放射性物質を拡散させた責任を負うべき政府や東京電力が、公共のものである海に汚染水を放出し、再度環境に影響を与えることなど許されるはずがありません。これは、福島県民だけでなく、日本の国土に住むすべての人々、海でつながる世界の人々のいのちと健康にかかわる問題です。

それにもかかわらず、最も費用がかからないとされる海洋放出を強行しようとすることは、汚染者負担の原則、環境についての予防原則の考えに反し、原発事故への真摯な反省を欠くものであり断じて受け入れられるものではありません。

また、汚染水の海洋放出に関しては、ＡＬＰＳで除去しきれずに残るとされるトリチウムの話ばかりが取り上げられます。しかし、そもそもＡＬＰＳで処理した水にはトリチウム以外の核種も含まれていることも明らかになっています。政府が「処理水」とする水は、取り除かれるべきものが取り除かれておらず、基準を満たしていない汚染水です。ＩＡＥＡの評価でもＡＬＰＳ処理の性能は評価されていません。この汚染水による環境や生態系への影響も未知数です。安全性が確認できないことはやってはならないのです。

さらに、汚染水の処理について議論が尽くされているとはいえず、とくに福島県内では、漁業関係者はもとより、県内の７割を超える自治体議会で反対ないし慎重な決定を求める意見書採択がなされています。

加えて、早期に海に放出する理由として、福島第一原発敷地内にタンク増設の敷地が足りないこと、保管の長期化に伴うタンクの老朽化、また、デブリ取り出しのための敷地確保の必要などが挙げられています。廃炉作業を進めるために海洋放出が必要であるかのようなキャンペーンがなされています。しかしこのような説明は事実に反しています。デブリ取り出しの工程は見直しが不可避であり、その敷地が今すぐ必要とはなるものでなく、そこにタンクを増設できます。また、政府の計画に基づいたとしても、汚染水の全量を放出するまでに約40年の期間を要し、その間のタンクによる長期保管は不可避であることから、タンクの耐久性や維持管理などの問題が、海洋放出によって解消されるわけでもありません。

汚染水については、まず汚染水のこれ以上の発生を食い止めるためコンクリート遮水壁などの抜本的な措置を取ることが強く求められます。また、すでに発生している汚染水については、長期陸上保管を行い、放射能の減衰を待ち、さらにその間に、除去装置では除去できていない放射性物質を取り除くための技術を開発し、適用することを考えるべきではないでしょうか。現に、そうした研究は進んでいます。

日本政府は２０２３年７月に公表されたＩＡＥＡのレポートによって海洋放出が国際的な安全基準に整合することが確認されたとして、海洋放出の根拠としています。しかし、海洋放出はＩＡＥＡの安全基準の「正当化」と「幅広い関係者との意見交換」に適合しません。海洋放出を伴わない大型堅牢タンク保管やモルタル固化のような代替案の評価も実施されていません。ＩＡＥＡレポートは海洋放出の根拠とは言えません。

汚染水の意図的な海洋放出は、これまで行われた前例がなく、将来に禍根を残すものです。福島第一原発事故を経験した私たちが、原発事故で発生した汚染水の海洋放出に関心を持たずにいて良いのでしょうか。私たちは、原発事故の被害者として地球環境にさらなる汚染をもたらし、歴史的な汚点となる汚染水海洋放出を容認してはならないと思います。

汚染水の海洋放出は、まだ止めることができます。私たち自身の「海」と「いのち」に関わることである以上、他の誰かにゆだねず、一人一人が自分事として取り組む必要があります。

第3部

2011年3月11日の前後に、この国でいったい何が起きていたのか

——真実こそが脱原発への確信となる

1　大津波は想定されていた

事故から12年がたち、記憶の風化が進んだといわれます。しかし、私は、真実が明らかになっていないからこそ、風化してしまうのではないかと思います。

いまこそ、２０１１年3月11日の前後に、この国でいったい何が起きていたのか深く掘り下げ、重要な事実を国民の共通認識とすることが、日本の原子力政策、ひいては民主主義の未来にとって、とても大切だと感じています。

東電の刑事裁判では、推本の長期評価が公表された２００２年、耐震バックチェックが開始された２００６年、東電柏崎刈羽原発が中越沖地震で被災した２００７年、東電内部で津波対策が本格的に検討されながら、役員たちによって土木学会に検討が投げられ、何の津波対策も講じないことが決まった２００８年までが主要な争点となり、２００９年から２０１１年の過程については、証人尋問はなされましたが、クローズアップされてきませんでした。その理由は、過失責任を問う根拠となる事実は、そのことをきっかけにして対策を講じて２０１１年3月11日には対策が完成している必要があり（「結果回避の可能性」と言います）、事故に近接した時期の出来事は過失の成否とは直接関係づけることが難しいという事情があったためです。

東電株主代表訴訟では、２００９年からクローズアップされた貞観の津波の問題も主要論点の一つとして取り上げました。役員の責任を認めた東京地裁の判決は、貞観の津波に関する佐竹健治論文（公表は２０１０年ですが、２００９年には原稿の段階で東電に手渡されていたもの）を、津波対策を基礎づけるものとしてその信頼性を肯定しましたが、２００９年から対策にとりかかっても、事故発生までに対策が完了したことが証明できていないとして、結果回避の可能性を認めませんでした。

しかし、考えてみると、事故に近い時期にどのような出来事が起きていたのかを検討することは、東電や国の責任を考えるうえで、とても大切なことであったことは間違いありません。

産総研（産業技術総合研究所）の岡村行信氏は耐震バックチェックの審査の中で、２０１０年の６月から７月に公式に８６９年の貞観の津波の再来に備えるべきだと意見を述べていました。これに対して、東電は２０１０年に少なくとも２回にわたって岡村氏のもとを訪問し、津波対策を始めるのではなく、津波堆積物調査を福島県でも実施していく方針を説明しました。岡村氏は、東電株代訴訟の証言の中で、次のように証言されています。

東京電力の社員に対して、貞観津波について意見や助言をされたことはという問いに、

「東電の酒井氏らが、２回来られて津波堆積物調査をしますという説明に来た。」

「最初は私は今更調査してはもう無駄だと、先に対策した方がいいんじゃないですかということを言ったと思う。」

「２回目は津波堆積物調査の結果を持ってこられたので、やはりこれでは（福島に津波が）来なかったという証明にはならないでしょうと申し上げた。」

「産総研で、やった調査を消すことはできないので、それに基づいた津波モデルがある以上、少なくともそれを考慮した対策は必要だとずっと考えていた。」

東電刑事裁判の一審東京地裁の永渕判決は、規制機関などの公的機関から、対策を迫られた事実がないという点を、被告人たちを免責する根拠の一つとしていました。岡村氏は、保安院の耐震バックチェックの審査委員です。そういう立場の人から、これだけのことを言われながら、東電は何の対策もしていなかったのです。永渕判決の論理によっても、被告人たちは有罪とできるはずです。

2　土木学会も大津波を予測

地震と事故の3か月前、２０１０年の12月には、東電が津波対策の検討を依頼した土木学会津波評価部会の議論は、福島原発の沖合においても、１８９８年の明治三陸沖の津波地震のマグニチュード8・2ではなく、１６７７年の延宝房総沖地震の波源を福島沖に移動させた規模の津波地震が起きうるという形で決着を見ました。東京電力は津波対策の先送りを決めた２００８年7月の翌月には、このような想定の場合の津波高さの計算を東電設計に発注し、その津波高さが明治三陸沖モデルに比べて約2メートル低い最大13・6メートルとなることを確認していました。土木学会の検討を経ても、10メートル盤を大きく超えることは明らかだったのです。この経過は、東電が津波対策を講じないままで、福島第一原発の運転を続けることは許されないことであることを示していたと思います。

3　長期評価改訂版の驚くべき中味

他方、推本は、２０１０年4月から日本海溝沿いの海域を含む太平洋沖の領域の長期評価をやり直し、第二版を公表する作業を進めていました。その作業には２００２年から8年間の間に進められた福島沿岸の貞観の津波などの津波堆積物の調査が反映され、２０１１年3月には、推本の長期評価の改訂版がまとまり、3月9日には公表の予定となっていました。

長期評価部会長を務め、3・11後には原子力規制委員会の委員長代理を務めた島崎邦彦氏が書いた『3・11大津波の対策を邪魔した男たち』（２０２３年3月刊　青志社）は、２０１１年2月から3月にかけて、推本の長期評価の改訂版の公表をめぐる電力会社と政府地震調査委員会の事務局との暗闘などを、生々しく再現しています。なによりも、驚くことは2月に準備されていた原案には、次のように書かれていたことです。

「宮城県中南部から福島県中部にかけての沿岸で、巨大津波による津波堆積物が約四五〇〜八〇〇年程度の間隔で堆積しており、そのうちの一つが八六九年の地震（貞観地震）によるものとして確認された。貞観地震以後の津波堆積物も発見されており、西暦一五〇〇年頃と推定される津波堆積物が貞観地震のものと同様に広い範囲で分布していることが確認された。貞観地震以外の震源域は不明であるものの、**八六九年貞観地震から現在まで一〇〇〇年以上、西暦一五〇〇年頃から現在までに約五〇〇年を経ており、巨大津波を伴う地震がいつ発生してもおかしくはない。**」（島崎邦彦前掲書211ページ、太字は引用者）

4　大地震と大津波が想定外のものでないことが、事故直前に公表されていたなら

この原案が公表されていたら、その後の日本の歴史は大きく変わったことでしょう。想像してみましょう。推本が想定した地震そのものが、その公表の2日後に起きたことになります。東京電力の無策は直ちに大きな憤激を呼んだに違いありません。

貞観地震だけでなく、西暦一五〇〇年頃と推定される津波堆積物が発見されていたことも驚きです。そして、地震後のことではありますが、歴史記録としても、1454年に津波が起きていたことの記録が発見されたのです（保立道久『歴史の中の大地動乱　奈良平安の地震と天皇』2012年　231-232頁）。

この長期評価の改訂版が公表されていれば、地震発生時に、宮城や福島の人々が山側に退避する行動を速やかにとり、多くの人命を救えたでしょうし、なによりも、東日本大洋沖の大地震と

大津波が「想定外」のものではなく、政府が想定していたにもかかわらず、東電や政府の保安院が無策のまま、原発事故が起きたことを国民の共通認識にすることができたでしょう。直前すぎて、運転を停止する以外には事故そのものは避けられなかったかもしれませんが、東電と国の責任がうやむやにされることはなかったはずです。

5 長期評価改訂版の公表に対する電力会社による執拗な妨害

本来は2011年3月9日に公表される予定だった、この長期評価の改訂案が公表されなかったのはなぜでしょうか。それは、電力会社が、津波対策を求められることを防ぐため、必死に妨害していたためです。

島崎氏の本によると、その妨害工作は2月から始まっていたようです。島崎氏は2018年5月24日に実施された刑事裁判における主尋問の最後に、次のように証言しています。3月11日当日には、「TBSに行って、そこで正に津波の現状を知りました。」「いろんなことを考えましたけれども、結局、我々の貞観地震に対する評価が間に合わなかったわけです。で、本来の予定だったら、3月に評価をして、順調にいけば、3月の9日ですね、水曜日に評価をして、その晩の7時のニュースと、翌日10日の朝刊で、東北地方には海岸から3キロ、4キロまでくる津波があるんだという警告が載ったでしょう。そうすれば、その翌日の津波に遭遇した人は、ひょっとして、昨日見た、ああいう津波があったというのを思い出されて、おそらく何人かの方は助かったに違いないと思うわけです。それで、実際には、2月の後半ですね、2月の22日に保安院と〔推本の＝引用者注〕事務局が、我々〔島崎氏ら原子力ムラに属さない委員＝引用者注〕の知らない間に会っていたんですけれども、その前の21日に、23日に聞かれる海溝分科会の打ち合わせを、事務局としました。その前の17日に、事務局の本田係長から僕宛てにメールがあって、3月に公表予定のこれを4月に延期してほしいと言われたんです。それで、県に事前説明するのと、電力会社に事前説明をするということであったので、私は、電力会社というのはちょっとおかしいんじゃないの、公共企業体に連絡をするというんだったら、ほかの、鉄道だとか電話だとか、ほかにもあって、なんで電力なのという疑問。それから、3月に決定して、4月に公表するという案があって、それはないです、決定してすぐ公表しないで、その間に何か起きたらどうするんですかと言ったら、事務局は、3月にはほかにも議題がある」と言われ、「4月に延期するのはやむを得ないかなと思って、了承したんです。」「なんで4月に延期したのかと思って、自分を責めました。ああ、これで一体何人の方が命を救われなくなったのだろうか。これは、たしかに私にもその責任の一半はあるんだと思いました。」と述べています。この証言についてジャーナリストの木野龍逸さんは、この証言の際に、島崎氏は「声を詰まらせた。傍聴席には、原発事故による避難者も多数詰めかけていた。しんとした法廷では、鼻をすする音も聞こえた。」と報じています（木野龍逸氏による島崎邦彦氏に対するインタビュー（ヤフーニュース「『真っ当な対策があれば、原発事故はなかった』地震学者・島崎氏が見たもの」（２０１８年８月23日配信）より）。このような真摯な思いがあり、島崎氏はこの改訂版の公表の延期された過程を調べて、前記の著書をまとめられたわけです。

２月23日に長期評価部会に提案された事務局による改訂案でも、１５００年頃の津波堆積物が広範に分布していることが確認されたとする部分は残され、「貞観地震以外の震源域は不明であるが、巨大津波を伴う地震が発生する可能性があることに留意する必要がある」と書かれていました。原案より後退していますが、十分インパクトのあるものだったと言えます。

３月３日にも、推本事務局と東電・東北電力・日本原電の間で秘密会が開催されていました。そこでは、さらに２０１１年３月９日に予定されていた公表を、４月に延期し、津波堆積物が原発の近くにまで及んでいることを極力書かせないよう、電力会社とすり合わせを継続することを決めていました。

これまで、私たちは、３月７日に東電が保安院に対して、２００２年の推本長期評価にもとづいて、15・７メートルの津波高さの計算結果を報告したことを強調してきました。しかし、この話し合いそのものが、長期評価の改訂版に対して、どのように対応するかを東電と保安院の間ですり合わせるため、保安院が東電の担当者を呼び出したものだったのです。

結局、推本の事務局と電力会社と国の機関である保安院は結託して津波対策を妨害し、東北地方の住民に対して、津波対策についての強い警告を行う機会を逸してしまったといえると思います。

＊島崎氏のインタビュー…島崎氏は、津波対策について、千葉訴訟の損害賠償訴訟事件と東電刑事裁判で証言していますが、この問題についてのジャーナリストのインタビューは、木野氏のインタビューにしか応じておらず貴重なものです。

6　推本のメンバーが想定していた地震が起きたと述べている中で推本事務局は想定外と公表してしまう

3月11日14時46分に東日本太平洋沖地震が発生します。15時22分頃から、福島第一原発サイトに津波が到達し、全電源が順次喪失していきます。

大地震の発生した当日である3月11日の夜の9時から急遽在京のメンバーだけが参加して開催された臨時の地震調査委員会では、発言者の大半は、公表予定であった推本の改訂版を明らかにし、事前に公表はできなかったものの、推本としては3・11地震を想定していたことを公表すべきと意見を述べていました。島崎氏の前掲書（233〜237ページ）から紹介します。たとえば、委員長の阿部勝征氏は、「それは違う。大津波を伴った貞観地震については検討していたのではないか。」といっています。島崎氏は3月9日に長期評価の改訂版を公表する予定であったことを説明しました。強震動部会の入倉幸次郎氏も、「全然想定していなかったとは言えない」と意見を述べました。

委員の佐竹健治氏は、「前回（正しくは二月の地震調査委員会）、貞観の話について岡村（行信）委員から意見が出て、明らかに繰り返していて、いつ起きてもおかしくないという表現を使うかと言う議論がメールでもあった。そういう議論をして、個人的には今はまさにそれなのではないかという気がしている。少なくともそういう議論があったということに言及するのはどうなのか」

これらの意見に対し、文科省科学官（推本の事務局担当）の山岡耕春氏は、次のように強く反対した。「後出しジャンケンのように思われるのはよくない。こういう事態で言うことが潔いのかという気がする。議論して一部の委員はこのような津波が発生することを、非常に真撃に危機感を持っておられたことは事実だが、それをこの段階で評価文に書くことは気分的には乗らない」

推本の事務局の「想定していたという公表は後出しじゃんけんになる」という理屈はまことに珍妙なものでした。しかも、委員の大勢にもそわないものでした。しかし、推本事務局は、この地震は想定外であったと公表することを押し通したのです。この強引な発表は、津波対策を妨害し続けてきた事実を隠ぺいし続けるためのものであったといわざるを得ません。

7 大地震と大津波発生時に公表されなかったこと

ここでその後の事故の進展を詳しく述べることは控えますが、3月15〜16日にかけ、東電が福島第一からほとんどの要員を引き上げ、70名の要員しか残されず、原子炉の管理が放棄され、データの記録すらできなくなっていたことだけは書いておきたいと思います（詳しくは、海渡雄一ほか『朝日新聞「吉田調書報道」は誤報ではない』彩流社、2015年、を参照してください）。

この本では、(1)東電テレビ会議の空白を埋める「柏崎刈羽メモ」、(2)東電の記者会見資料（15

日8時30分過ぎ）、⑶吉田昌郎福島第一原発所長から保安院へ送った3通のＦＡＸなどをもとに、3月15～16日の第一原発をめぐる次のような動きを明らかにしています。

東電本社は東電社員の福島第一原発から福島第二原発への「全面撤退」を決めて段取りをし、清水社長から官邸の政治家たちへの根回しまでしたこと、菅直人首相たちは、全面撤退を明確に認めなかったこと、吉田所長は、なんとか第一原発構内で一時待避して、全員復帰を目指す指示を発したこと、しかし、15日の早朝6時14分頃に起きた4号機の爆発により、なし崩し的に撤退が起き、福島第一原発に残ったのは70名だけになりました。

東京電力は自らの過失によって過酷事故を引き起こしながら、一時的とはいえ、事故対応の責任を放棄した事実は何度繰り返しても繰り返しすぎではないでしょう。

8　原子力ムラは日本国民と政権中枢をもだました

なによりも、罪深いことは、津波対策についてのこのような経過のすべてが、3・11後も強く秘匿されたということです。

3月9日に予定されていた改訂長期評価のこと、2008年3月の東電設計が東電に納入した基準津波についての計算結果など、すべてが隠されました。保安院は3月7日には津波計算結果を受け取っていながら、この事実をこの年の8月に読売新聞によってスクープされるまでひた隠しにしました。まさに、事実隠ぺいの共犯者となったのです。

改訂長期評価についても、秘密会がもたれて、電力がその公表を最後まで妨害を続けていたことは、島崎氏が今回の著書で明らかにするまで、その重要性は理解されていませんでした。

他方で、東京電力の清水正孝社長は3月13日夜の会見で、福島第一原発事故について「津波が大幅に想定を超えていた」と述べました。しかし、この会見で述べたことは自社の過去の計算結果に反しており、ウソでした。しかし、保安院はウソであることがわかっていながら、これを放置し、自ら東電から受け取っていた計算結果を公表することすらしなかったのです。

ここで、このような情報操作には、当時の政権中枢がどのように関わっていたかを考えてみます。枝野幸男官房長官が、放射線医学総合研究所 放射線防護研究センターの酒井一夫センター長を官邸に来るように要請していたことがわかる文書が明らかになっています。この中で、枝野官房長官は、「文科省から報告されているモニタリングの数値について、その意味などについて」「情報発信（記者会見を含む）の内容につき、助言を求めたい」と酒井センター長にメッセージを送っています。

この問い合わせに酒井氏が答えた内容が枝野氏の「直ちに人体への影響はない」との会見での発言につながったことが推測できます。当時の民主党政権の中枢は、被ばくからの防護については「パニックを起こしてはならない」という官僚たちの論理に説得されてしまい、的確な情報の開示や被ばく回避のための正確な放射性物質の飛散状況の公表、ヨウ素剤の配布などを政府機関に命じることができませんでした。そういう意味では、原子力ムラの虜になっていたと批判しなければなりません。

9　原子力ムラの想定不能・不可抗力免責を阻んだ力学

しかし、ここで確認しなければならないことは、推本の長期評価の改訂版が準備されていたこと、発生した地震が推本によって想定されていたものであること、東電が保安院に２０１１年３月７日に15・7メートルの津波計算結果を提出していたことなどは、菅首相にも、枝野官房長官にも、全く知らされていなかったということです。

私は、当時日弁連の事務総長の職にあり、日弁連には官邸から直接緊急通報などの情報がＦＡＸで流れてきていました。13日に東電の清水社長の想定をはるかに超える地震という記者会見を聞いて、東京電力は原子力損害賠償法三条但書の定める「その損害が異常に巨大な天災地変又は社会的動乱によって生じたものであるとき」すなわち不可抗力による損害賠償責任の免責の主張をするつもりであると直感し、背筋が寒くなりました。

このとき、清水氏は、２００８年3月に推本長期評価に基づいて、津波高さの計算をし、15・7メートルの数値を得ていたこと、この計算結果は、たびたび保安院から提出を求められ、3月7日にようやく保安院に報告したという決定的に重要な事実を隠したうえで記者会見しました。

しかし、この時点でそのことに気づいていた者はメディアにも官邸中枢にもいませんでした。このうそを明確に認識していたのが保安院であり、彼らもまた東電のウソを追認し、官邸にすらその情報をあげなかった共犯者だったのです。

他方で、２０１１年3月25日付朝日新聞は、この清水社長の会見が事実無根であることを示すために、その後フリーライターとして大活躍する添田孝史デスクの指示のもとに朝日新聞の科学部がまとめた記事を載せました。これは極めて重要なものだったと思います。

「大津波　東電甘い想定　「福島」の危険性　90年代から指摘」という見出しの下、次のことを述べています。

①産業技術総合研究所活断層・地震研究センターの岡村行信センター長が８６９年に三陸沖で起きた貞観地震に伴う大きな津波があり、同規模の津波が再び襲来する可能性があることを指摘していたこと、

②福島第一原発の設計当時には貞観津波の実態は分かっていなかったが、東北電力の調査により仙台平野の海岸線から約３ｋｍの地点で波高が３ｍもあったことが分かり、１９９０年に報告されていたこと、

③その後に推定された貞観地震の規模はＭ８・４で東電が当時想定していたＭ７・９の約6倍の規模にも上ること、

④宮城県の牡鹿半島にある東北電力女川原発は９・１ｍの津波に対する対策がとられていたため、

東北地方太平洋沖地震に伴う津波では大きな被害がなかったこと
に触れた上で、名古屋大学の鈴木康弘教授の「大きな津波の問題を先送りせずに評価すべきだった」とのコメント、後に国会事故調の委員に選任される神戸大学名誉教授で地震学者の石橋克彦氏が、福島原発が最新の知見を反映していないことを心配していたなどのコメントを掲載しています。

この記事は、原発の安全性について少しでも関心を持っていたものであれば、事故直後にわかったはずの事実がまとめられており、また、当時はわかっていなかった事実も逆に浮かび上がるという意味で、大変価値がある記事でした。

また、日弁連も、同日発した宇都宮健児会長名の会長声明において、

「(1) 原子力災害対策本部は、福島第一原子力発電所事故の現状及び今後想定されるあらゆる事態、並びに、各地の放射能汚染の実情と被曝による長期的なリスクに関する情報、被曝防護に関する情報を正確かつ迅速に国民に提供し、適切な範囲の住民を速やかに避難させること。

(2) 国及び東京電力は、今回の事故により避難及び屋内待避の指示を受けた住民等に対し十分な支援及び被害補償を行うこと。

(3) 国、電力会社その他原子力関係機関は、二度とこのような原子力発電所事故を繰り返さないために、原子力発電所の新増設を停止し、既存の原子力発電所については、電力需給を勘案しつつ、危険性の高いものから段階的に停止すること。」を求めました。東電の不可抗力免責の

主張を未然に封じ、被災住民に対する十分な補償を実現したいという強い思いが、会長と15名の副会長からなる日弁連執行部には共有されていました。

このような状況で、同年4月29日の衆院予算委員会で、自民党の吉野正芳氏（福島三区（いわき市など）選出）は、東電の不可抗力免責を求めました。この質問に対して、菅直人首相は、「財源は国民の税金、国がすべての賠償責任を負うのは違うのではないか」と免責を否定しました。

同日の記者会見では、枝野官房長官は、「福島第一原発が大きな津波で事故に陥る可能性は、国会などで指摘されていた。免責はとても考えにくい」と述べ、理由を明らかにして「不可抗力免責」の主張を退けました。この答弁によって保安院や推本事務局が正確に情報を官邸に上げていないことも判明します。

私は、2011年11月、岩波新書『原発訴訟』を刊行しました。当時、東電と自民党には不可抗力免責の主張がくすぶっていました。私は、高木仁三郎氏、石橋克彦氏の原発震災についての警告、同年8月に明らかになった東電の津波計算結果、貞観の津波について積み重ねられていた研究成果、日本共産党の吉井英勝議員によるスマトラ津波を受けた2006年の津波事故の可能性についての国会追及、耐震バックチェックにおける岡村行信氏の発言、2007年度から実施されていた原子力安全基盤機構（JNES）による津波などに起因する過酷事故シミュレーションなどを引用し、東電の免責はあり得ないと論じました。2011年秋の時点では、これだけの情報を集めることが限界だったのです。

福島の市民の中には、いまも事故時の民主党政権の対応への批判が根強いことは理解できます。たしかに被ばくの危険性・避難に関しては、政権の対応は明らかに失敗でした。しかし、当時菅氏が首相で、枝野氏が官房長官でなければ、そして事故当時が自民党の安倍晋三氏のような政権下だったならば、東電の不可抗力の主張が認められ、東電は免責され、津波計算結果などは今も隠蔽されていたという、真の闇の歴史となったかもしれないと私は真剣に思っています。

10　被ばく影響を過小評価し、住民を危険に曝した

また、この時期には住民の被ばくに関しても、重要なことがいくつも起きています。

・スクリーニング基準が大幅引き上げられたこと
・初期の被ばくのデータが記録されなかったこと
・住民に対して安定ヨウ素剤が投与されなかったこと
・SPEEDIによる放射性物質拡散シミュレーションの結果を公表しなかったこと
・当初、避難対象にされなかった浪江町の津島や飯舘村が事故直後に高線量となっていたにもかかわらず、このことが公表されなかったこと

などです（『国会事故調報告書』、榊原　崇仁『福島が沈黙した日　原発事故と甲状腺被ばく』（集英社新書、2021年）。

他方で、2011年3月19日に長崎大学の山下俊一氏と高村昇氏が福島県知事によって福島県放射線健康リスク管理アドバイザーに任命されましたが、野池元基氏の福島県に対する情報公開請求により、二名がこの任命を承諾したのは3月16日であったことが判明しています（青島洋『週刊金曜日』2021年11月26日号より）。広島大の神谷研二氏が委嘱されたのは2011年4月1日のことでした。

そして、2011年3月19日には山下俊一は、福島市で放射線量が他市町村より高い数値を記録し、水道水から放射性物質が検出されていることについて、放射性ヨウ素の半減期が8日であることや実際に体内に取り込む量が極めて少ないとし100ミリシーベルト以下の被ばくは「健康にはまったく心配ない」と強調しました。3月21日には福島市で、3月22日には川俣町で、3月23日には会津若松市等で同様の講演をしました。

私は飯舘村の原発ADRの集団申立の代理人を務めました。飯舘村では高線量にもかかわらず、避難が完了するのは7月にずれ込みました。いったん避難したにもかかわらず、山下氏らの講演を聞いた家族から勧められ避難先から4月初旬に戻った住民もいました。

日本国民の多くが、原発事故でにげまどい、米軍や主要マスメディアは80キロ圏への立ち入りを認めていない状況であったにもかかわらず、住民に高線量地域への残留・帰還を促した山下俊一氏と高村昇氏・神谷研二氏らの責任は極めて重大です。

11　系統的に事実が隠されているなかで、真実こそが力となる

いま、ウクライナにおける戦争、電力の供給の不安定化、地球温暖化対策などを理由に、岸田政権は、歴代の政権が維持してきた、原発依存度の低減、原発の寿命を原発の寿命を40～60年に限定するという、なだらかな脱原発政策を反故にし、原発の新増設、原発寿命規定の無効化、次世代革新炉としてのナトリウム高速炉の日米共同開発、などを内容とする、異常ともいえる原発回帰の政策転換を打ち出し、2023年5月31日には、原発GX関連法の制定が強行されました。そして、福島原発事故の最大の教訓の一つというべき、原子力規制委員会の経済産業省からの独立性までが、事実上否定されようとしています。まるで、福島原発事故などなかったかのような、集団的な忘却が起きているといわなければなりません。

だからこそ私は、この事故がなぜ発生したのか、そして事故時に、たくさんの極めて重大な事実が隠されたことが、市民の共通理解となっていないことが、我々の決定的な弱点になっているのだと思います。

真実こそが、人々の怒りに火をつけ、奮い立たせ、脱原発への確信となると思います。本書はそのような思いで徹底的に事実にこだわりながら書きました。ご批判をいただければ幸いです。

あとがき

福島原発事故の刑事責任を明らかにするため、福島原発告訴団が刑事告訴を行ったのが、２０１２年６月でした。検察官による二度の不起訴を乗り越えて、指定弁護士による起訴が実現したのが２０１５年７月でした。東電刑事裁判について、彩流社から本を出していただくのは今回で４冊目です。１冊目が検察審査会の２度目の強制起訴を内容とする議決の直後に『市民が明らかにした福島原発事故の真実』（２０１６年２月）でした。２冊目の『東電刑事裁判で明らかになったこと』（２０１８年10月）は刑事裁判の結審直前に、審理を振り返って出版しました。３冊目の『東電刑事裁判　福島原発事故の責任を誰がとるのか』（２０２０年12月）は２０１９年９月に言い渡された、被告人３名を無罪とした東京地裁判決（永渕健一裁判長）に対する全面的な批判を展開したものでした。

指定弁護士による控訴を受けた東京高裁（細田啓介裁判長）でも、２０２３年１月に指定弁護士による控訴を棄却し、被告人らに対する無罪判決を維持する判決が言い渡されました。本書は、第一に、この判決の論理が、次の原発重大事故を招き寄せる極めて危険な考え方に貫かれていることを真正面から批判することを目的に編集しました。本裁判で得られた証拠などを利用して、２０２２年７月には、東京地裁商事部（朝倉佳秀裁判長）が、被告人３名と当時の清水正孝社長に対して１３兆３千億円余を東京電力に支払うよう言い渡した株主代表訴訟の判決が言い渡されました（同判決については『東電役員に13兆円の支払いを命ず！　東電株主代表訴訟判決』（2022年旬報社刊）をご参照ください）。

2022年6月の福島原発事故についての国の責任をめぐる最高裁判決では、国の責任を認めるかどうか、最高裁判事の意見が3対1で分かれました。このような判断がなぜ分かれるのかもわかりやすく説明することを心掛けました。

あわせて、岸田政権が推進している老朽原発の運転延長や新型高速炉の開発などの原発回帰の政策と原発GX法や福島で繰り広げられている、住民の意思を無視した「復興」のあり方、汚染処理水の放出の政策などを批判したものです。さらに福島原発事故の最も重要な被害者であるといえる子ども甲状腺ガンにり患した若者たちが提起した「311子ども甲状腺がん裁判」についても紹介しました。期せずして、原発事故から12年目の原子力をめぐる総決算のような内容となりました。

政府が福島原発事故の重大かつ貴重な教訓を忘れ、大きく原発回帰へと舵を切ろうとしている中で、福島原発事故がなぜ起きたのか、また、事故当時にどのような事実が隠蔽されていたのかを明らかにする作業は、ますます重要なものとなってきていると思います。

本書は、海渡と大河の二人で編集しましたが、各パートは、次の分担で執筆しました。

プロローグ…海渡・大河

◉第1部　東京高裁の控訴棄却・東電役員に対する無罪判決を批判する…海渡・大河

《福島からの声》特別寄稿…佐藤和良・橋本あき・菅野經芳・五十嵐和典・武藤類子

◉第2部　福島原発事故を忘れるな

第1章　福島原発事故から、我々は何を教訓化しなければならないのか…海渡

第2章　福島原発事故に学んだ脱原発の国民合意を一握りの政治家と役人だけで覆した岸田政権
…海渡

第3章　再稼働を進めるために原子力規制委員会を骨抜きにしようとしている
…藤川誠二（弁護士）

第4章　老朽原発を廃炉にすべき理由…藤川誠二

第5章　革新炉（高速炉）の日米共同開発を許してはならない／もんじゅの失敗を忘れてはならない…海渡

第6章　福島イノベーション・コースト構想のもとで進められる軍事・民生デュアルユース研究
…海渡

第7章　子ども甲状腺がんの多発…北村賢二郎（弁護士）

第8章　汚染水海洋放出の問題…北村賢二郎

◉第3部　２０１１年3月11日の前後に、この国でいったい何が起きていたのか
——真実こそが脱原発への確信となる…海渡

福島原発告訴団と刑事訴訟支援団の仲間たちには、本書の企画段階から原稿作成の全ての段階で、大変お世話になりました。東電刑事裁判の困難な立証に取り組み、上告審を闘ってくださっている石田省三郎弁護士ら指定弁護士の皆さんのご努力に、心から感謝します。いつも、わかりやすく、読みやすい本に仕上げるため、編集の出口綾子さんに大変お世話になりました。心から感謝しています。

東電刑事事件は最高裁に係属しています。指定弁護士は9月15日までに上告趣意書を提出する予定です。私たちは、何としても次の原発事故を招き寄せかねない高裁判決の破棄を実現したいと考えています。福島原発事故の被害に心を痛め、日本の脱原発の実現を願う、多くの市民の皆さんが本書を手にされ、東電刑事裁判の重要性を理解し、この裁判や関連する取り組みにご支援をいただければ幸いです。

海渡雄一
大河陽子

２０２３年8月10日

◎編著者プロフィール

海渡雄一（かいど・ゆういち）

40年以上、もんじゅ訴訟、六ヶ所村核燃料サイクル施設訴訟、浜岡原発訴訟、大間原発訴訟など原子力に関する訴訟多数を担当。日弁連事務総長として震災と原発事故対策に取り組む（2010年4月～2012年5月）。脱原発弁護団全国連絡会共同代表として、3・11後の東京電力の責任追及、原発運転差止のための訴訟多数を担当。主著＝『朝日新聞「吉田調書報道」は誤報ではない』（河合弘之氏他との共著、彩流社）、『東電刑事裁判無罪判決　福島原発事故の責任を誰がとるのか』（彩流社）、『原発訴訟』（岩波新書）、最新刊『東電役員に13兆円の支払いを命ず！』（旬報社、共著）他多数。

大河陽子（おおかわ・ようこ）

弁護士。脱原発弁護団全国連絡会所属。伊方原発や大間原発など原発運転差止仮処分、関電不正マネー還流問題の刑事告発・株主代表訴訟、東電株主代表訴訟、東電違法行為差止訴訟など原発関連事件を担当。

協力：福島原発刑事訴訟支援団

東電刑事裁判　問われない責任と原発回帰

2023年9月20日　初版第一刷

編著者　海渡雄一・大河陽子 ©2023
発行者　河野和憲
発行所　株式会社 彩流社
〒101-0051　東京都千代田区神田神保町3-10　大行ビル6階
電話　03-3234-5931
FAX　03-3234-5932
http://www.sairyusha.co.jp/

編　集　出口綾子
装　丁　渡辺将史
印　刷　モリモト印刷株式会社
製　本　株式会社難波製本

Printed in Japan　ISBN978-4-7791-2902-5 C0036
定価はカバーに表示してあります。乱丁・落丁本はお取り替えいたします。